The Study on Assistant Decision-Making of
Helicopter Mine-clearance Mission

直升机扫雷
决策问题研究

李居伟　任东彦　韩　强　著

北京理工大学出版社
BEIJING INSTITUTE OF TECHNOLOGY PRESS

内 容 简 介

本书以直升机扫雷作战行动的决策问题为研究内容，从直升机扫雷作战基本要素入手，针对直升机扫雷作战使用、直升机扫雷作战过程、直升机扫雷航路动态优化与直升机扫雷作战效果评估这四个方面展开了研究。本书研究成果为直升机扫雷作战行动决策提供了一套行之有效的定量解算方法。

本书可以作为作战指挥学、军事运筹学、兵种战术学等学科领域的硕士和博士研究生的学习参考书，也可以作为院校教师和部队作战人员的参考书，还可以作为承担航空扫雷任务系统研究工作的相关科研院所科技工作者的技术参考书。

图书在版编目（CIP）数据

直升机扫雷决策问题研究／李居伟，任东彦，韩强著． －－北京：北京理工大学出版社，2022.6
　ISBN 978 - 7 - 5763 - 1356 - 7

Ⅰ.①直… Ⅱ.①李… ②任… ③韩… Ⅲ.①军用直升机 Ⅳ.①V275

中国版本图书馆 CIP 数据核字（2022）第 100036 号

出　　版／	北京理工大学出版社有限责任公司
社　　址／	北京市海淀区中关村南大街 5 号
邮　　编／	100081
电　　话／	(010)68914775（总编室）
	(010)82562903（教材售后服务热线）
	(010)68944723（其他图书服务热线）
网　　址／	http://www.bitpress.com.cn
经　　销／	全国各地新华书店
印　　刷／	三河市华骏印务包装有限公司
开　　本／	710 毫米 × 1000 毫米　1/16
印　　张／	10.25
字　　数／	191 千字
版　　次／	2022 年 6 月第 1 版　2022 年 6 月第 1 次印刷
定　　价／	76.00 元

责任编辑／陈莉华
文案编辑／陈莉华
责任校对／刘亚男
责任印制／李志强

序

　　水雷战以其廉价和高效的特点备受关注，不仅军事强国争相研究，更被很多国家和地区视为"战略性武器"。相信在未来战争中，水雷战和反水雷战将是极为重要的海上作战样式。

　　传统的反水雷装备存在自身防护能力弱和机动能力差的缺陷，并且作战部署慢，快速反应能力差，不能完全适应现代反水雷作战对时效性的高要求。而直升机拖曳扫雷系统则具有机动性强、快速部署能力强的特点，可在一定程度上弥补这一缺陷，是扫雷作战装备发展的重要方向。

　　该书根据扫雷直升机的战术、技术和飞行性能特点，结合具体的海洋环境，研究直升机扫雷作战的使用方法，并通过对直升机扫雷航路的动态优化，以及对扫雷作战效果的科学评估，达到与作战实际相匹配，提高扫雷效率的目的。该书构建的大量军事计算模型，提出的作战效果评估手段，分析论证的作战使用方法，可信度高，原创性强，对相关研究具有很好的借鉴意义。

　　相信该书的出版，对于加强相关领域理论研究，能够起到较好的推动作用；对相关装备的论证发展，能够提供很好的理论参考；对相关作战人员的理论培训，能够起到较好的指导作用；对提升直升机扫雷的实战化水平，能够起到一定的推动作用。

2022 年 1 月

前　言

　　我国是一个拥有一万八千多千米海岸线的濒海国家，大陆沿海海域辽阔，是著名的大陆架浅海，且沿海海底平坦，适合布放沉底雷、短系索锚雷的区域非常大，被国外军事专家称为"天然布雷场"。在未来战争中，我国必将面临严重的水雷威胁，反水雷将是一项长期、艰巨、复杂的任务。

　　本书根据反水雷需求和作战发展方向，从直升机扫雷作战基本情况入手，针对直升机扫雷作战使用、直升机扫雷作战过程、直升机扫雷航路动态优化与直升机扫雷作战效果评估这四个方面展开了研究。全书共8章，核心内容为第2章到第7章。

　　第2章为直升机扫雷作战使用基本问题研究：对扫雷任务、直升机扫雷方法、扫雷作战样式和扫雷队形的保持进行了详细的分析和论述，并对特殊模式下雷线的搜扫与清除方法进行建模，仿真验证了直升机扩方扫除雷线的可行性。此外，还对扫雷区特殊模式及其扫雷方法进行了研究，并给出划分折线航道的算法，可进一步补充扫雷战术使用方法，为后续章节奠定基础。

　　第3章为直升机扫雷作战机动过程建模：针对直升机扫雷作战过程特点，研究了直升机扫雷具的布放时机和布放方法，为扫雷具准确布放提供理论依据；通过分析风对直升机航向和流对拖曳式扫雷装备的影响，研究了飞行航迹控制和扫雷装备拖曳航迹控制方法；参考拖曳系统流体动力学的结论，对直升机拖曳扫雷具转向方式和转向运动过程进行了建模，开展了仿真分析。

　　第4章为磁扫方式下直升机扫雷航路动态优化模型：应用模糊聚类分析方法开展水雷动态分类，为雷区内水雷分类提供了依据；在考虑风向对障碍区选择的影响，以及作业区清扫宽度要求的基础上，确定了合理划分作业区的方法和步骤。采用曲面拟合内插算法模型生成海底网格，为扫雷航路优化奠定基础。结合海流情况，针对任务区的水深变化，进行了磁扫雷具扫雷宽度的计算。提出了直升机扫雷航路动态优化的原理，针对水深变化的任务区，开展了直升机磁扫方式下扫雷航路动态优化建模，并通过仿真进行了验证。

第 5 章为声扫方式下直升机扫雷航路动态优化模型：详细分析了对声扫雷具存在影响的海洋环境要素，运用射线理论和声呐方程进行了声扫雷具扫雷宽度的计算，分析了声速梯度类型、海况条件和直升机速度对扫雷宽度的影响，给出了直升机声扫方式下扫雷航路动态优化方法，并进行了仿真验证；还研究了声磁联合方式下直升机扫雷航路动态优化问题。

第 6 章为直升机扫雷作战效果评估模型：在全面分析直升机扫雷作战效果评估需求、已知条件和具体作战过程的基础上，结合虚拟噪声补偿技术对扫雷作战过程进行建模，采用鲁棒 Kalman 滤波技术进行扫雷作战效果评估，通过实例进行了验证。在此基础上，研究了根据已发现的水雷信息，动态调整雷区范围的方法。

第 7 章为直升机扫雷作战任务决策仿真及效果分析：给出直升机扫雷作战任务优化的概念，研究了作战任务决策的组成和功能，设计实现了一种直升机扫雷作战决策支持系统。结合具体的作战想定，计算给出了直升机扫雷作战任务决策过程和优化结果，并通过实例进行了系统功能验证。

本书是作者近些年的研究总结，期间参阅了大量文献，是这些文献的思想给了作者以深刻的指导，在此深表谢意，如有注释疏漏敬请谅解。

由于作者能力水平和时间精力有限，书中难免存在不足，衷心希望读者给出宝贵意见。希望本书能够起到抛砖引玉的作用，为行业发展做出点滴贡献。

作　者
2022 年 1 月于青岛

目　录

第1章　绪论 ……………………………………………………… 001

　　1.1　研究背景和意义 …………………………………………… 002
　　　　1.1.1　严峻的水雷威胁 ……………………………………… 002
　　　　1.1.2　直升机扫雷的重要作用 ……………………………… 003
　　　　1.1.3　直升机扫雷基本情况分析 …………………………… 005
　　　　1.1.4　直升机扫雷研究的意义 ……………………………… 007
　　1.2　国内外研究现状 …………………………………………… 009
　　　　1.2.1　国外研究情况 ………………………………………… 009
　　　　1.2.2　国内研究情况 ………………………………………… 012
　　　　1.2.3　研究中存在的主要问题 ……………………………… 015
　　1.3　研究内容和结构安排 ……………………………………… 016

第2章　直升机扫雷作战使用基本问题研究 …………………… 019

　　2.1　直升机扫雷任务 …………………………………………… 020
　　　　2.1.1　检查扫雷 ……………………………………………… 020
　　　　2.1.2　清扫水雷 ……………………………………………… 021
　　　　2.1.3　导航扫雷与护航扫雷 ………………………………… 022
　　2.2　直升机扫雷方法 …………………………………………… 023
　　2.3　直升机扫雷作战样式 ……………………………………… 025

2.3.1 独立作战 ·· 025

2.3.2 协同作战 ·· 030

2.4 直升机扫雷队形的保持 ···································· 032

2.5 特殊模式下直升机扫雷作战使用方法 ·············· 033

2.5.1 雷线的搜扫与清除 ···································· 033

2.5.2 扫雷区特殊模式及扫雷方法研究 ·············· 042

2.6 本章小结 ·· 045

第3章 直升机扫雷作战机动过程建模 ···················· 047

3.1 直升机扫雷具布放时机和布放方法 ················· 048

3.1.1 扫雷具布放时机 ······································ 048

3.1.2 扫雷具布放方法 ······································ 049

3.2 直升机扫雷装备拖曳航迹的控制 ···················· 051

3.2.1 风对直升机航向误差的影响 ····················· 051

3.2.2 流对拖曳式扫雷装备的影响 ····················· 052

3.2.3 直升机飞行航迹的控制 ···························· 052

3.2.4 扫雷装备拖曳航迹的控制 ························· 053

3.3 直升机扫雷航路间的过渡模型 ······················· 056

3.3.1 直升机转弯过渡过程建模 ························· 056

3.3.2 直升机拖曳扫雷具转向过程拖体运动建模 ··· 058

3.3.3 仿真试验结果与分析 ······························· 060

3.4 本章小结 ·· 063

第4章 磁扫方式下直升机扫雷航路动态优化模型 ······· 065

4.1 扫雷作业区的优化选择 ·································· 066

4.1.1 雷区水雷动态分类 ···································· 066

4.1.2 风向对障碍区选择的影响 ························· 071

4.1.3 作业区清扫宽度 ······································ 071

4.1.4 合理划分作业区 ······································ 072

4.2 扫雷航路优化研究中应用的海底网格生成方法 ··· 073

4.2.1 曲面拟合内插算法模型 ···························· 073

4.2.2 基于曲面拟合内插算法生成扫雷海区 DEM ··· 075

4.2.3 实例分析 ·· 076

4.3 直升机扫雷航路动态优化原理 ······················· 077

4.4 磁扫方式下直升机扫雷航路动态优化建模 ········· 078

4.4.1　二电极磁场计算模型 ·················· 078

4.4.2　扫雷宽度的动态调整 ·················· 082

4.4.3　线路间隔的动态选取 ·················· 084

4.4.4　直升机扫雷速度的动态确定 ·············· 087

4.4.5　扫雷效率 ······················· 088

4.5　仿真与分析 ·························· 088

4.5.1　生成海底网格 ···················· 089

4.5.2　海流对扫雷宽度的影响分析 ·············· 090

4.5.3　直升机速度和水深对扫雷宽度的综合影响分析 ···· 090

4.5.4　直升机扫雷航路动态优化效果分析 ··········· 091

4.6　本章小结 ·························· 092

第5章　声扫方式下直升机扫雷航路动态优化模型 ·········· 093

5.1　扫雷声场 ··························· 094

5.1.1　水雷声引信概述 ·················· 094

5.1.2　扫雷声场产生方法 ················· 096

5.1.3　声场特性 ····················· 097

5.2　海洋环境对声扫雷具性能的影响因素分析 ········· 098

5.2.1　声传播模型仿真与分析 ·············· 100

5.2.2　背景噪声模型 ··················· 102

5.2.3　声源级 ······················ 102

5.2.4　指向性指数 ···················· 103

5.3　扫雷宽度的动态调整 ···················· 103

5.3.1　扫雷声场有效范围 ················· 103

5.3.2　清扫宽度 ····················· 104

5.4　线路间隔的动态选取 ···················· 105

5.5　直升机扫雷速度的动态确定 ················· 105

5.6　扫雷效率 ··························· 105

5.7　仿真与分析 ·························· 106

5.7.1　海洋环境对扫雷具性能的影响 ············ 107

5.7.2　直升机速度对扫雷宽度的影响 ············ 111

5.7.3　声扫雷具性能仿真结果分析 ············· 111

5.7.4　直升机扫雷航路动态优化效果分析 ·········· 112

5.8　声磁联合方式下直升机扫雷航路动态优化方法 ······ 114

5.8.1　联合引信类型 ··················· 114

5.8.2 动态优化方法 ·· 116

5.9 本章小结 ·· 116

第6章 直升机扫雷作战效果评估模型 ···························· 117

6.1 扫雷作战效果评估概述 ······································ 118

6.1.1 扫雷作战效果评估定义 ······························ 118

6.1.2 扫雷作战效果评估方法 ······························ 119

6.2 直升机扫雷作战过程建模及效果评估 ················ 120

6.2.1 基于鲁棒卡尔曼滤波的扫雷作战过程建模 ··· 121

6.2.2 基于鲁棒卡尔曼滤波的扫雷作战效果评估 ··· 122

6.2.3 仿真试验与结果分析 ································· 124

6.3 基于效果评估的雷区范围动态调整方法 ············ 126

6.3.1 雷区范围动态确定方法 ······························ 127

6.3.2 水雷障碍区聚类分析 ································· 127

6.3.3 水雷散布分析 ·· 127

6.3.4 水雷密度确定方法 ···································· 128

6.3.5 雷区范围动态调整过程 ······························ 128

6.4 本章小结 ·· 130

第7章 直升机扫雷作战任务决策仿真及效果分析 ·········· 131

7.1 直升机扫雷作战任务概述 ································· 132

7.2 直升机扫雷作战任务决策组成 ························· 133

7.3 直升机扫雷作战决策支持系统设计与实现 ········· 136

7.4 直升机扫雷作战任务决策仿真及结果分析 ········· 138

7.4.1 作战想定 ··· 138

7.4.2 作战任务决策过程 ···································· 140

7.4.3 结果分析 ··· 143

7.5 本章小结 ·· 144

第8章 研究总结 ··· 145

8.1 研究工作总结 ·· 146

8.2 后续研究展望 ·· 148

参考文献 ··· 149

第 1 章

绪　论

|1.1 研究背景和意义|

1.1.1 严峻的水雷威胁

在未来战争中，水雷战和反水雷战将是极为重要的一种海上作战样式。水雷是一种廉价的水中兵器。在战争期间，水雷不仅能够用来阻断海上交通航道，打击敌方的水面舰艇和潜艇等有生力量，更重要的是还具有巨大的心理威慑作用，沉重打击敌方的精神和斗志。可以说水雷是一种具备常规威慑力量的"撒手锏"武器。

第一次世界大战期间，各国共布放水雷 31 万枚，炸沉舰船 800 余艘，约占舰船损失总数的 1/3。第二次世界大战期间，各国共布放水雷 80 万枚，约有 2 700 艘舰船被水雷炸沉、炸伤。尤其是在 1945 年，美国为了尽快结束对日作战，专门制订了代号为"饥饿战役"的用水雷封锁日本本土的作战计划。在此次历时四个半月的"饥饿战役"中，美军共布设了 1.2 万多枚水雷，毁伤日本舰船 670 艘，其中包括"海鹰"号航空母舰在内的 65 艘军舰，日本损失舰船吨位 80 多万吨，另有 47.8 万吨遭到严重破坏，几乎相当于"饥饿战役"前日本舰船总吨位的 75%。第二次世界大战后的局部战争也有水雷的使用，如朝鲜战争元山港封锁布雷、越南战争后期美军实施的"铁桶式"封锁、海湾战争中重创美军先进战舰的廉价水雷等。

由于水雷具有位置隐蔽、打击突然、长期威胁、耗敌兵力、破坏力大、应用面广和适应性强等特点，在其他旧式武器不断被淘汰的现代战争史上，水雷却意外地占有极其重要的地位，并能在现代海战中将继续发挥巨大作用。随着科学技术的进步，特别是传感器、信号处理元器件以及微处理器技术在水雷引信中的应用，使水雷已从原始的爆炸物发展成为最有威胁力的海战武器之一。

我国是一个拥有逾 18 000 km 海岸线的濒海国家，沿海的许多港口都是交通发达的政治、经济中心。我国大陆沿海海域辽阔，是著名的大陆架浅海，据统计在距海岸线 50 n mile① 的范围内，水深小于 50 m 的水域约占 77.7%。在距岸 20 n mile 的范围内，水深小于 50 m 的水域占总面积的 95.3%。同时，我国沿海海底地形平坦，多为泥沙底质，适合布放沉底雷、短系索锚雷的区域非常大，被国外军事专家称为"天然布雷场"，因此，在未来战争中，我国必将面临严重的水雷威胁，反水雷将是一项长期、艰巨、复杂的任务，且反水雷的任务主要集中在浅水区和甚浅水区。

1.1.2 直升机扫雷的重要作用

经过多年积累、发展和实践，反水雷作战已经初步形成了多种手段并举、多种方法配合的有利局面，反水雷装备日益完善和多样化。但是，目前以水面舰船为主体的反水雷战平台，从反水雷作战能力建设顶层设计和体系建设上讲，仍存在一些不足。一是缺少专用浅水反水雷装备；二是反水雷兵力难以完成没有海岸依托的远距离跨区反水雷作战；三是反水雷兵力还不具备快速部署和远程投送能力，作战机动性不强；四是反水雷兵力为远离基地或在中远海作战的舰艇编队，提供反水雷保障的能力严重不足；五是反水雷兵力为两栖作战，提供反水雷保障能力还不强。因此，传统水面舰船反水雷作战存在以下难题：一是对付浅水区水雷的手段比较薄弱，难以满足应急反水雷的作战需求；二是现有的反水雷装备存在自身防护以及机动能力差的缺陷；三是通常反水雷作战的时效性要求高，往往任务紧迫，而传统扫雷舰艇反水雷装备均不完全具备快速反水雷的能力；四是在以航母为中心的舰艇编队远海作战条件下，传统扫雷舰艇难以伴随战斗舰艇编队来提供长时间反水雷支援。

鉴于以上情况，直升机拖曳扫雷系统为反水雷作战提供了新的有效作战力量，可进一步丰富传统反水雷装备，特别是能够显著增强航母编队反水雷作战能力，使反水雷作战装备配套更加完备，作战能力进一步提升。直升机拖曳扫雷系统可以在较浅的水深处，对声引信、磁引信和声磁联合引信的中高灵敏度

---

① n mile 为海里，1 n mile = 1.852 km。

水雷具有较高速度的扫除能力，不但可以解决浅水区反水雷问题，同时也可提供一种建制式反水雷装备。

随着海军"远海防卫"战略发展和走向深蓝的实际需要，直升机可在扫雷作战中发挥巨大作用。例如，对于支援登陆作战和保障远洋机动作战，直升机可作为一种建制式扫雷装备随舰艇编队作战。直升机反水雷与水面舰船反水雷相比，主要有 4 个方面的优势。

1. 机动性强且可快速部署

从作战机动性来看，以港口基地为中心的反水雷水面舰艇兵力部署，一旦遭遇水雷封锁，单个基地兵力不足，从其他基地调遣则需较长时间，严重制约了作战机动性。而直升机反水雷的出现将会弥补这种不足，可快速部署，增强反水雷机动性。

2. 扫雷作业安全性好

在反水雷作战中，要求反水雷舰艇必须先接近或越过水雷的上方，这在水雷技术不断发展的今天，对反水雷舰艇是一个很大的威胁，有些国家已经研制出了专门打击反水雷舰艇的水雷。而直升机扫雷是在水面上空操作扫雷具，不直接受到水雷爆炸的威胁，所以从这点来讲直升机扫雷的安全性好，能更好地保证扫雷人员和作战平台的安全。

3. 扫雷效率高

直升机执行反水雷作业的速度快，可以在单位时间内清除更大区域内的水雷，提高了反水雷效率，同时还可减少人员和维护及保养费用。另外，现代较高灵敏度的水雷一般都具备一定抗扫能力，其判断依据之一就是磁场变化梯度，一般扫雷舰艇由于扫雷航速小，磁场梯度变化小，容易使水雷进入抗扫状态，而直升机扫雷航速快，扫雷磁场变化梯度大，具有更好的扫雷效果。

4. 可作为建制式反水雷装备

传统的专用反水雷舰艇由于航行速度慢，无法与战斗舰艇一起编队出行，特别是无法加入航母编队执行远海长航时作战任务。因此，一旦战斗舰艇遭遇雷阵，必须停下来等待反水雷舰艇支援，容易贻误战机。而直升机反水雷装备可以作为建制式反水雷装备随舰出航，特别是能够作为航母舰载机作战分队的一部分，只要具备直升机搭载能力的战斗舰艇都能搭载直升机反水雷装备。

1.1.3 直升机扫雷基本情况分析

1. 直升机主要的扫雷手段及其工作原理

直升机扫雷可携带接触扫雷具和非接触扫雷具。接触扫雷具采用与水雷直接接触的机械方法清除水雷，按工作方式可分为截割扫雷具、爆破扫雷具、截割爆破扫雷具和网式扫雷具等。非接触扫雷具利用模拟舰船的物理场诱爆非触发水雷，按其模拟物理场可分为磁（静磁、动磁）扫雷具和声（次声、声频、超声）扫雷具，能同时模拟两种以上物理场的扫雷具称为联合扫雷具。

根据当前直升机反水雷装备技术发展现状，直升机扫雷系统应配备声、磁非接触扫雷系统。直升机非接触扫雷系统的工作原理为：以直升机为拖曳平台，拖曳声、磁扫雷具拖体定深在设定水深，声扫雷具产生声场模拟舰船声物理场，磁扫雷具产生一定范围内分布的磁场模拟舰船磁物理场，声、磁扫雷具联合扫动中、高灵敏度声引信、磁引信和声磁联合引信的水雷。因此，本书重点针对直升机拖曳非接触声、磁联合扫雷系统开展研究。

非接触扫雷具通常由扫雷部分、动力设备和控制装置构成。扫雷部分产生扫雷物理场，动力设备一般为扫雷发电机组，控制装置控制扫雷物理场的强弱和变化规律，使之与水雷引信的工作制度相适应。水雷引信是影响非接触扫雷具扫雷作战效果的主要因素。由于水雷一般都可以灵活选用多种引信类型，灵活设定工作参数和工作制度，灵活配置定时、定次参数，加上扫雷作战的自然环境中随机性影响因素多，使得非接触扫雷作战难度很大，不可预测性增强。在这种情况下，一方面倒逼非接触扫雷具出现了很多的技术改进，如全磁、全声扫雷具，可以相当精确地模拟任意舰船的物理场，达到诱爆水雷的目的；另一方面，在扫雷装备技术性能一定的情况下，对研究如何灵活运用扫雷装备，创新扫雷作战战术战法，以增强扫雷作战效果，显得极为必要。

2. 直升机扫雷时机

直升机扫雷可分为战时扫雷和战后扫雷两大类。战时扫雷作战多为开辟航道，打破水雷封锁；战后扫雷作战多为大面积清除水雷威胁，保证和平时期的通航安全。这两类扫雷行动在技术上的主要区别在于，扫雷行动前对水雷情报的掌握程度。战时扫雷作战时，由于情况紧急和敌我双方彼此的封锁，通常对水雷情报掌握不完整、不详细，有时甚至是错误的；战后扫雷则一般对水雷情况都有较为全面的了解，主要是能够在一定程度上掌握水雷数量、雷区位置、水雷类型和参数设定情况等。此外，与战时相比，战后因时间充裕，扫雷作战可以从容进行，受时间限制小。

在作战时，装备声磁联合扫雷具的扫雷直升机，可从岸上基地或战斗舰艇起飞，到达反水雷作业区域，快速扫除中、高灵敏度声、磁引信和声磁联合引信水雷。具体地说，直升机扫雷作战时机如下。

（1）战前开辟航道。

战前开辟航道是指，当我方港口或航道被水雷封锁时，需要反水雷兵力打通出港或航行通道。使用扫雷舰艇进行扫雷作战时，由于水面扫雷舰艇必须先行接近或通过雷区，以开展扫雷作业。虽然扫雷舰艇有较低的声、磁特性，但仍然受到高灵敏度水雷的严重威胁，而直升机扫雷平台则不会受到水雷爆炸的威胁。因此，可以由直升机拖曳扫雷系统进行前导扫雷作业，先把高灵敏度水雷扫除掉，以保障后续跟进的扫雷舰艇的安全。

（2）行军途中应急扫雷。

直升机拖曳扫雷系统可作为建制式扫雷装备，装备在具有直升机搭载能力的战斗舰艇上。当舰船或舰队在执行任务的过程中发现疑似雷障或遭遇雷障时，可由舰载直升机拖曳建制式直升机拖曳扫雷系统进行应急反水雷作业，以降低战斗船被水雷打击的概率。如果没有舰载扫雷直升机，则可从附近基地就近快速调集扫雷直升机兵力，拖曳建制式直升机拖曳扫雷系统进行应急扫雷作业。

（3）登陆作战开辟通道。

选定登陆作战区域时，一般要求海域比较宽阔，且水深较浅，以便于登陆兵力展开和登陆兵力投送。而敌方为了阻止登陆，一般在此区域会布放大量抗登陆水雷，此类水雷抗扫性差、定次少，容易扫除。由于登陆海域水深很浅，且在敌方海域，水面舰艇反水雷兵力难以投送和进行正常的扫雷作业，扫雷舰艇本身也容易受到水雷爆炸的威胁，而直升机拖曳扫雷系统更适合在浅水区作业，能迅速打通上陆通道，保障登陆作战的顺利进行。

3. 直升机扫雷作战过程

直升机起飞前首先对拖体设定扫雷工作制，然后启动扫雷系统自检程序，自检通过后，直升机起飞向作业区域机动。当直升机飞抵扫雷作业区域上空时，首先要进入悬停状态，然后启动扫雷拖体布放程序，将磁扫后电极和拖体依次布放到水中。拖体入水后，机上人员控制放缆长度达到设定值，关闭绞车，扫雷拖体布放完成。

布放结束后，启动供电转换开关，停止向绞车供电，开始扫雷具供电。机载供电分系统将电能通过复合缆输送到拖曳扫雷具内部，供扫雷具内置设备使用。扫雷作业操作人员对机载扫雷综合控制台进行操作，启动拖曳状态监控，将扫雷拖体定深在设定的工作水深。启动供电系统状态监测仪表，接通声扫雷具电源和磁扫雷具电源，扫雷具开始工作。启动相应的扫雷具工作状态监测程序和扫雷航迹显示，开始进行扫雷作业。

根据扫雷作业任务规划，直升机以设定的航速和设定的航线飞行。一般先直线飞行作业，完成一定的距离扫雷任务后，直升机减速，开始缓慢拖曳扫雷具拖体实施航向调整（即机动转弯）。当直升机和拖曳体完成航向调整之后，直升机拖曳扫雷具拖体继续直线飞行，并通过控制直升机飞行航线，使清扫区域和已有的清扫区域稍微重叠。如此来回往复几次，形成几百米宽、数海里长的清扫区域。

当直升机完成扫雷任务或所剩余燃油量达到警戒量时，切断声、磁扫雷具电源以及相应的监测设备，使声、磁扫雷具停止工作，进入扫雷具回收和返航阶段。如果遇到拖体挂底等紧急情况，立即启动安全应急处理方案。进入回收阶段后，直升机首先进入悬停状态，启动回收程序将拖体回收到飞机内部后，飞机返航。若出现意外情况需要抛缆时，则可由舰船回收拖缆及拖体。

1.1.4　直升机扫雷研究的意义

水雷具有巨大的破坏力和相对低的成本，这注定了它能够在非对称力量海战中发挥重大作用。而反水雷斗争工作准备得好坏，不仅直接影响海军舰艇部队的作战行动，关乎海上战役战斗的成败，甚至关系到国家安全和人民生命财产安全。因此，无论对于保障海军登陆作战、水面舰艇远洋机动作战，还是保证民用船舶的海上航运交通安全，反水雷作战能力都是非常重要的战略保障。发展远洋作战能力必须要加快反水雷斗争准备的步伐。

反水雷措施不只是发现和消灭水雷，还包括查明非水雷危险区等任务。现代的水雷极难排除，但很多情况下又不得不进行扫雷作业。并且，当我方具备了排除现有水雷的能力后，敌方又会研制出抗扫能力更强的新型水雷，扫雷与布雷就是这样此消彼长，反复激烈竞争地发展着。扫雷作战必须依据敌方布雷的目的和客观情况采取有针对性的对策，一般应做到以下几点：一是能够迅速搜集敌方布雷作战的战术情报，以及所布水雷的技术情况，并迅速分析情报，采取相应的对策；二是能早期清除航道上的水雷；三是能具备处理复杂海域及海底水雷的能力，并保持多种扫雷能力，以有效地对付各种精密水雷；四是要雄厚的技术支援力量，以对付可能不断出现的新式水雷。

为了提高扫雷能力，许多国家都在根据本国的地理环境发展扫雷系统，扎扎实实地扩充扫雷兵力，并把发展扫雷武器的重点放在大型扫雷直升机和扫雷舰艇上。直升机反水雷具有效率高、安全性好的特点，特别适合于浅水反水雷作战，而且能借助空运手段快速部署到遥远的海域，兵力运用机动性高。对于清扫水上雷场来说，直升机比水面舰船更有优势。直升机扫雷系统和舰艇扫雷系统两方面的发展，形成了空中、水面相结合的扫雷体系，提高了扫雷的效果和作业速度。此外，从全世界范围来说，浅水反水雷作战一直是反水雷斗争中最艰难、最危险的任务。而浅水区也是各国海军争夺的焦点。在未来的登陆作战中，浅水区是主要的战场，水雷在甚浅水区、拍岸浪区的威胁也特别大，在这些区域实施有效反水雷作战是保障两栖登陆作战的关键因素之一，也是反水雷作战的重点。世界各国都对这一区域的反水雷问题进行了广泛的研究，并开发了多种浅水反水雷装备，直升机反水雷系统就是其重要的分支。从 20 世纪 50—90 年代，从苏伊士运河、塞得港、海防港到海湾战争，直升机海上扫雷的作战成绩斐然。

美国海军倍加看重直升机扫雷的上述显著特点。近 30 年来，美军几乎完全忽视了现代水面舰艇扫雷的作用，几乎没有制造新的扫雷舰艇，仅仅只改进了布设在水面的探雷装置和排雷系统，而将重点放在发展直升机扫雷能力方面。现在，美、俄、法、日等国均有扫雷直升机部队，装备各种型号扫雷直升机（图 1 – 1）。

图 1 – 1　外军直升机扫雷作业

直升机拖曳扫雷系统的装备，可使海军的反水雷装备配套更加齐全，作战能力更加完备。直升机反水雷与舰艇反水雷优势互补，对增强反水雷作战能力具有重要意义。战时可根据反水雷任务的具体要求，选派最合适的反水雷兵力去执行任务，从而进一步增强浅水区和甚浅水区的快速扫雷能力，形成从空中、水面到水下立体互补的综合反水雷武器装备体系。

本书主要通过对国外扫雷直升机性能特点和作战运用情况的调查、分析和总结，结合国内外扫雷战术理论以及扫雷装备性能特点，针对重点作战海区的环境特性等情况，研究直升机扫雷作战使用方法问题和战术应用策略问题。针对直升机与水面舰艇扫雷作战的区别，对直升机扫雷作战机动过程进行了建模。对直升机扫雷航路优化进行了研究，提出直升机在不同海洋环境下的使用方法，提升扫雷直升机战术应用水平，提高扫雷作战能力。通过建立作战过程仿真模型，对直升机扫雷作战效果进行定量评估。利用计算机仿真技术，进行直升机扫雷作战决策支持系统功能的设计与实现。本书研究成果可用于指导扫雷直升机战术使用，辅助开展扫雷战术决策和扫雷效果评估，还可为新型扫雷装备的研制提供需求牵引。

|1.2 国内外研究现状|

1.2.1 国外研究情况

1. 航空反水雷装备及研制现状

目前，美国、日本、俄罗斯、英国和法国均装备有反水雷直升机。美海军在直升机反水雷技术方面处于领先地位，研制开发了多种直升机反水雷专用的猎扫雷装备。无论是专用直升机反水雷装备技术，还是建制式直升机反水雷装备技术，美国海军都独占鳌头。在当前各国的军队编制体制中，专门设有直升机反水雷编制的国家只有美国和日本，而日本的直升机和反水雷装备均由美国提供。现主要以美军为例进行说明。

美军于 1952 年组建了第一支海军空中发展中队，用 HRP – 1 型直升机进行扫雷验证试验。通过十几年的试验改进，于 1965 年选定了 SH – 3A 作为反水雷平台，并将其改装为 RH – 3A 反水雷专用直升机，1967 年组建了 HC – 6 和 HC – 7 两个中队，分驻于大西洋和太平洋舰队的反水雷支援舰上。

20 世纪 70 年代，美海军借用 15 架 CH – 53D "海上种马" 直升机，改装成 RH – 53A 反水雷直升机，并于 1971 年 4 月筹建了 HM – 12 直升机反水雷中队。同时，还订购了 30 架专门的反水雷直升机 RH – 53D。1973 年 9 月用 RH – 53D 反水雷直升机替代了第 12 中队的 RH – 53A 直升机，1978 年组建了

HM－14 和 HM－16 两个直升机反水雷中队，HM－12 则变成航空反水雷部队的训练中队。1987 年又解散了 HM－16 中队，由其中关键人员编组成立了 HM－15 中队。

后经过苏伊士运河扫雷、红海扫雷、波斯湾油轮护航反水雷等实战锻炼，取得了一些经验，也发现 RH－53DG 不能满足现代反水雷的要求。因此，设计开发了重型大功率的 MH－53E "海龙" 反水雷直升机。MH－53E "海龙" 反水雷直升机是 H－53 系列直升机中的一种改进型，执行扫雷任务时，MH－53E 可以拖带一个综合多功能扫雷系统，外形类似一条双体小船，携带有多种探雷设备和扫雷器械，包括 MK105 扫雷滑水橇、ASQ－14 侧向扫描声呐、MK103 机械扫雷系统。

此后，由于 "海龙" 直升机越来越不适应美军重视的建制式反水雷理念，美军正逐步淘汰 MH－53E "海龙" 扫雷直升机，将其转入预备役。美军的航空反水雷平台逐渐由模块化多用途的 MH－60S 直升机替代。鉴于 MH－53E 使用的反水雷拖靶重量太大，如果不加改进就使用，则中型的 MH－60S 直升机将会力不从心。为此，美军正在试验轻型的拖靶和激光成像探测装置，以替代 MH－53E 使用的反水雷拖靶。对 MH－60S 来说，取代 MH－53E 的任务并不轻松。2000 年年初，美国海军舰载机司令部责成舰载机作战中心，对一架 MH－60S进行系统的反水雷验证。试验中这架 MH－60S 以最大飞行速度飞行，以验证拖索所承受的最大拉力，机上的液压系统收集了试验中扫雷具对机体结构产生的拉力数据，这些数据用在了 MH－60S 反水雷作战的适应性改进上。2002 年 2 月，该型直升机的扫雷装备进入服役。

此外，为了适应未来战争的需要，美军将重点发展以下 5 个方面的水雷战能力：一是全面提升水雷战情报、监视和侦察能力；二是要使反水雷兵力成为作战舰队的建制兵力，使舰队本身具备反水雷能力；三是要发展在敌近岸海域探测和清除水雷的能力，以便快速开辟登陆通道；四是用先进的、网络化的声呐装备和武器系统，构成可控制的、自动或半自动的水雷探测及清除系统；五是在新型舰船上采用经济实用的技术，降低舰船的声、磁特性，提高抗冲击能力，以增强对抗水雷能力。为了获得这 5 种作战能力，美军目前正在加紧研制 7 种反水雷系统，其中 5 种是机载系统，2 种为水下系统。5 种机载系统包括 AN/AQS－20 和 AQS－20X 猎雷声呐、机载灭雷系统（AMNS）、机载激光探雷系统（ALMDS）、制式机载和水面感应系统（OASIS）以及快速机载水雷清除系统（RAMICS）。

2. 扫雷作战使用

国外反水雷作战手段多样、技术先进、理念超前，并且有一套完整的反水雷战术。文献［1］对美军反水雷概念、反水雷任务、作业区划定和扫雷航线设置、扫航次数、清扫顺序、布线方式等反水雷战术方法有详细的介绍，提供了美国、德国、澳大利亚、挪威和芬兰等外军 21 世纪的水雷战战术和技术等方面的详尽资料。文献［2］系统地介绍了美国海军水雷战的指挥机构、兵力构成及发展趋势。文献［3］较为全面地描述了美国海军水雷战计划中的反水雷作战部分。文中对反水雷作战的地位、分层水雷防御构想以及反水雷作战构想，进行了全面描述。文献［4］介绍了随着水雷威胁的增大和先进的反水雷系统装备部队，美国海军反水雷作战概念的改变情况。文献［5］介绍了美军水雷战新作战概念的内容。文献［6］介绍了美国两栖作战中的扫雷破障新方案。文献［7］介绍了海洋环境对水雷物理特性的影响以及海洋环境对非触发水雷的影响。

同时，由于国外关于扫雷装备作战使用方面的资料密级较高，只能从有限的文献资料中获取较为浅显的了解，但有些技术性内容对相关课题的研究还是能够起到一定作用的。例如，有资料显示，美军猎扫雷线路采用固定间隔配置方式，间隔取航线位置误差的 2 倍均方误差。在这种配置方式下，每线搜扫一次，作业区将被覆盖多次，各线搜扫次数将依据横距曲线、需要的动作次数和要求达到的发现概率综合确定。但因资料不全，对其采用这种配置的原因不详。反水雷战是海上作战中一个最复杂和最困难的领域之一，我国相对缺乏经验。外国海军尤其是西方先进国家的海军，曾经进行过多次大的水雷战役，有比较丰富的经验教训。因此，可以不断借鉴外国海军的经验、战术与技术使之为我所用。

3. 扫雷战术决策

国外关于扫雷战术决策方面的研究，主要体现在扫雷战术决策系统和扫雷训练系统的研究方面。

美军于 1970 年在桌面计算机上开发出第一个蒙特卡罗扫雷战术辅助决策系统之后，随着对精确计算的要求逐渐提高，为了对扫雷过程中的 3 个 MOE（有效性度量，即扫雷程度、扫雷毁伤的期望值、扫雷所需时间）进行度量，一种被称为 COGNIT 的新式战术辅助决策系统被开发出来。用户在设置了 3 个 MOE 中的两个值之后，便可通过 COGNIT 系统找到一个最优的第三个值。由于技术的限制，在 20 世纪 70 年代时，这种精确计算还不大可能完成。然而到了 80 年代，这已经成为进行水雷战时必须完成的一个步骤，扫雷战术辅助决策系统所采用的 MOE 有时已经超过了实际需要。此外，文献［8］介绍了美国的一体化反水雷系统。该系统由指控子系统和磁、声扫雷子系统组成，利用浅水非接触扫雷系统和模块化开口电极式扫雷系统来实现磁、声非接触扫雷。该套系统能够事先制订反水雷任务计划，并对扫雷进度和效果进行评估和分析，也可以进行扫雷后分析。该系统还可以选用接触扫雷具和猎雷声呐来实现其他反水雷功能。文献［9］介绍了德国研制的反水雷指控系统，以及使用该系统时所取得的经验。文献［10］介绍了国外反水雷指控系统发展情况。文献［11］建立了扫雷分析的基础模型，并在文献［12］中有更加广泛的评论。文献［13］介绍了美国在实践中形成的比较完善的水雷战信息支持系统，包括环境与目标物理场测量信息、气象与海洋学信息等，说明了水深、海水特性、天气、海滩特性、潮汐与海流、海洋生命或生物和磁条件对水雷战的影响。

美军水雷战训练系统是舰队水雷战训练中心的主要装备，它与水雷战指控台非常相似。这套系统的核心部分包括相关的水雷和舰艇数据，以及将这些数据转换成相应战术参数的规则（即数学模型）。在设计之初，并不是为了开发战术辅助决策系统来设计水雷战训练装置，后来随着个人计算机功能的逐渐增强，水雷战训练装置逐步加入了战术辅助决策模型，具备了战术辅助决策功能。除了 UMPM、NUCEVL 和 UCPLN 模型外，还包括扫雷计划分析模型和扫雷评估模型，参见文献［2］。水雷战训练系统的一个主要特征是它包含了数据库。然而，受到计算机性能限制，运行在个人计算机上的战术辅助决策系统一般省略了数据库。后来，随着计算机硬件设备性能的提高，数据库又再次被引入系统中。从 1985 年具有内嵌式数据库的 MCM85 系统问世以来，每两年就会有一个新版的水雷战训练系统出现。

1.2.2　国内研究情况

1. 航空反水雷装备及研制现状

虽然，目前我国直升机反水雷作战方面未见到成熟的装备列装使用，而我国起步并不晚。早在"八五""九五"期间，我国就进行了直升机反水雷方面的研究，对发展直升机反水雷的必要性、技术可行性进行了探讨和分析，并在直升机的选型、扫雷具的选择等方面进行了初步研究，为后续的研究工作打下了基础。此后，部分单位还进行了相关技术预研课题的研究，对直升机反水雷的水下航行体高速拖曳航行、高速拖曳扫雷具实施非接触扫雷的有效性等关键技术进行了研究，并取得了一定突破，为直升机拖曳扫雷系统装备的研制奠定了技术基础。

在水下高速拖体技术研究方面，国内已具备根据不同需求设计合适的水下高速拖体的技术能力。在高速拖体姿态控制方面，通过多年的研究，也形成了一套完整的姿态控制方法。

在磁扫技术研究方面，利用二电极方法产生磁场，既减少了磁扫设备的重量，又能满足扫雷需求。在声扫技术研究方面，通过采用圆柱活塞低频发声和圆形模板高频振动发声的方法，模拟产生舰船声场，降低了声源重量和体积，同时又能满足扫雷的技术指标要求。

2. 扫雷作战使用

国内在扫雷作战使用方面开展的理论研究工作较多，且研究结论丰富，具有较高的军事应用价值。文献［14］提出要重视反水雷装备作战使用方法的研究。文献［15］根据不同的扫雷作战样式，对扫雷舰艇在任务区的活动方式进行了讨论。提出了矩形区、直线航道、折线航道 3 种扫雷任务区的典型模式，并且给出了划分扫雷航线的算法，为计算机辅助制订扫雷作战方案提供了可用的数学模型。文献［16］通过将作业区和扫雷具清扫区域网格化，提出了基于计算机图形学的解决方法，以提高扫雷作业精度。该方法改变了传统的手工作业方法，实现了漏扫区的实时自动分析。文献［17］针对流的不稳定性对拖曳式猎扫雷装备的影响，提出了循迹控制方法，通过修正拖曳舰艇的航向对拖曳体进行控制。文献［18］在对扫雷具系统运动及受力分析的基础上，明确了扫索沿底地形跟随的控制机理，经过对多种数学模型的分析，选择了时间采样简化模型法对变深海底进行了模拟计算，取得了一定效果。文献［19］从脱离流体力学的角度，建立了接触扫雷具转向过程浮体运动模型，并实现了计算机虚拟场景显示。文献［20］利用线性规划求解无鞍点矩阵对策问题，力求描述登陆战役中反水雷作战的兵力行动方法，并解决反水雷兵力的配置问题。文献［21］通过对反水雷武器系统作战使用和作战任务的分析，对反水雷任务作战效能评估方法进行了分析研究。

3. 扫雷战术决策

目前，国内针对直升机扫雷作战决策方面开展的研究还较少，已有的文献多是针对水面舰艇扫雷作战过程进行的研究。本书将针对直升机扫雷与水面舰艇扫雷的区别，对直升机扫雷作战过程的多个环节和关键问题进行建模。研究直升机扫雷具布放时机和布放方法，为扫雷具的准确布放提供理论依据。在分析风对直升机航向误差的影响，分析流对拖曳式扫雷装备工作状态影响的基础上，文献［17］，对直升机飞行航迹的控制和扫雷装备拖曳航迹的控制方法进行研究。文献［22－23］等拖曳系统流体动力学的结论，对直升机转弯过渡过程和直升机拖曳扫雷具转向过程拖体运动进行了建模。此外，文献［24］根据接触扫雷具扫除锚雷的基本条件，分别建立扫雷舰运动模型、水雷障碍仿真模型以及对抗过程模型，实现了接触扫雷具与锚雷对抗过程的仿真，可以为开展非接触扫雷具扫雷作战过程的建模仿真提供参考。

在扫雷作战航路优化方面，国内针对扫雷作战航路优化问题开展研究的文献较少，但与之相关问题的研究文献有不少。文献［25］根据不同情况给出了相应的水雷密度估计模型，可以实现对反水雷作业区的水雷情况进行定性和定量分析。其计算结果能够为合理地安排反水雷力量提供决策建议。文献［26］探讨了在不掌握敌方布雷信息的情况下，如何确定雷障初始水雷密度的问题。文献［27］提出了"非等间隔平行搜扫法"。该方法可以避免出现大面积重扫区域，能够节省扫雷兵力和时间，提高作战效率。文献［28］针对扫雷决策问题，运用混合策略对策模型，研究了如何计算最优扫雷策略问题。文献［29］针对扫雷兵力分配问题，通过分析各类扫雷兵力扫雷能力差异和不同布雷兵器性能差异，研究了扫雷作战成本差异。在此基础上综合目标扫雷海区重要性差异和扫雷兵力受敌威胁程度差异等因素，建立了扫雷兵力分配效能模型。

在扫雷作战效果评估方面，主要有统计类评估和智能评估两种方法，可参考文献［30］。统计类评估技术从概率统计的角度对系统建立随机模型，通过对观测数据的处理，获得评估对象的估计值。在这类技术中，必须对系统建立随机模型，以便对观测数据进行处理。统计类评估技术较为典型的有数理统计、最小二乘、卡尔曼滤波、时间序列等方法。智能评估技术则模仿人的思维过程，利用知识系统或神经工作方式完成评估工作。这类技术中较为常见的有模糊理论、专家系统、神经网络等方法。文献［61－67］对相关方法进行了全面分析。卡尔曼滤波方法最初产生于航天技术，其误差判断准则是"误差方差最小"，与最小二乘法的"误差平方和最小"准则相比，因排除了系统误差的影响，用于扫雷作战效果评估时精度较高。神经网络法是近年来新出现的一种解决复杂问题的智能化算法，它建立在模拟人类神经系统结构的基础上，模拟相同且简单的大量神经元共同工作，通过预先的训练后，便可用于问题的求解。与最小二乘法和卡尔曼滤波方法相比，神经网络的建立完全依赖于真实数据，具有很高的可靠性，能避免数学建模和求解时对情况的假设不准确性等问题。但是，目前神经网络方法尚未得到实用，其关键问题是尚未能取得足够的真实数据，无法完成对网络的有效训练。数学方法完全从理论出发，而神经网络则完全从试验出发，显然都不够全面。贝叶斯方法则能兼顾两方面情况，它能利用水雷数量的经验分布，结合已经发现的雷数，对实际情况做出判断，同时它又能利用事后了解的实际情况，对其估计公式进行"修正"，以提高其下一次估计的准确性。但是，目前贝叶斯方法也未能得到应用，主要原因还是真实数据不足，先验分布尚无法获取。

在扫雷决策方面，文献［31］运用现代视景仿真技术逼真地呈现水雷战的对抗态势、敌我双方的兵力损伤以及整个战局的进展状况。文献［32］使用虚拟现实技术设计了一种虚拟现实扫雷系统，很好地解决了海军展开实兵进行扫雷训练中存在的费用多、危险系数高等问题。该文献还介绍了虚拟现实扫雷系统应具备的功能和各模块实现方法。文献［33］以水雷战为例，从系统开发和应用的角度分析了基于 HLA 的武器对抗仿真系统开发过程和技术方法。文献［34］针对分布式水雷战对抗交互仿真系统可视化的需要，提出了一种适应水雷作战过程的三维图像演示系统的综合设计方法。文献［35］介绍了虚拟现实技术在水雷战仿真系统中的应用。文献［36］针对水雷和反水雷武器对抗仿真问题，以两型沉底水雷引信和磁、声、次声三型非接触扫雷具为背景，建立了仿真模型，并以 VC ++ 为开发工具进行了系统开发和对抗仿真。

1.2.3　研究中存在的主要问题

从以上对国内外研究现状的分析可知，相比之下，国外无论在直升机扫雷装备技术，还是扫雷战术使用方面都已比较完善，而我国的航空反水雷作战还处于研究阶段。虽然国内针对水面舰艇扫雷方面的研究内容比较丰富，但针对直升机扫雷方面需要做的研究工作还较多，具体存在以下几点问题。

（1）尚未深入开展有关直升机扫雷装备作战使用方面的研究。

（2）已有的文献多是针对水面舰艇扫雷作战过程中存在的问题进行研究，针对直升机扫雷与水面舰艇扫雷作战过程的差异，专门研究直升机扫雷作战问题还没有全面铺开。

（3）相关研究未能考虑具体的海洋环境对扫雷作战的影响，研究条件过于理想化。

（4）针对直升机扫雷战术辅助决策问题，还没有开展相关的研究。

随着装备技术的不断发展，上述研究内容一定会逐步展开。在此过程中，必须结合直升机的战术特点、技术特性和飞行性能，结合具体的海洋环境开展研究，提出具有一定针对性的直升机扫雷作战使用的方法，并通过对直升机扫雷作战过程和扫雷作战任务决策过程的优化，达到支持和指导实际扫雷作战的目标。

|1.3 研究内容和结构安排|

本书从直升机扫雷作战的基本问题入手，在直升机扫雷作战使用、直升机扫雷作战机动过程、直升机扫雷航路动态优化和直升机扫雷作战效果评估等 4 个方面展开研究，各章节关系如图 1 – 2 所示。

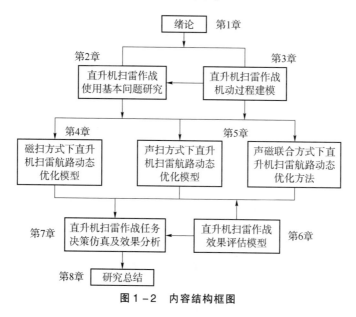

图 1 – 2　内容结构框图

各主要章节的研究内容如下。

第 2 章对直升机扫雷方法、直升机扫雷任务、直升机扫雷作战样式和直升机扫雷队形的保持进行了详细的分析和论述，对特殊模式下雷线的搜扫与清除方法进行建模，并通过实例验证了直升机扩方扫除雷线的可行性。此外，还对扫雷区特殊模式及其扫雷方法进行了研究，并给出划分折线航道的算法，可进一步补充扫雷战术使用方法，为后续章节的研究奠定基础。

第 3 章针对直升机扫雷与水面舰艇扫雷作战过程的区别，研究直升机扫雷具布放时机和布放方法，为扫雷具的准确布放提供理论依据。通过分析风对直升机航向误差的影响以及流对拖曳式扫雷装备工作状态的影响，对直升机飞行航迹的控制和扫雷装备拖曳航迹的控制方法进行研究。参考拖曳系统流体动力学的结论，对直升机拖曳扫雷具转向方式和转向机动过程进行建模，并开展仿真分析和验证。

第 4 章，首先，应用模糊聚类分析方法对水雷进行动态分类，为雷区内水雷合理分类提供了依据。在考虑风向对障碍区选择的影响，以及作业区对清扫宽度要求的基础上，给出合理划分作业区的方法和步骤。其次，在扫雷航路优化研究中，采用曲面拟合内插算法模型生成海底网格，为开展更加贴近作战实际的直升机扫雷航路优化奠定基础。再次，针对水深变化的扫雷任务区，结合海流情况，进行磁扫雷具扫雷宽度的计算。最后，提出直升机扫雷航路动态优化的原理，针对水深变化的扫雷任务区，结合海流情况，对直升机磁扫方式下扫雷航路动态优化进行建模，并开展仿真验证。

第 5 章详细分析海洋环境要素对声扫雷具造成的影响，运用 BELLHOP 射线理论和声呐方程进行声扫雷具扫雷宽度的计算。通过仿真与分析海洋声速梯度类型、海况条件和直升机航速对扫雷宽度的影响，给出直升机声扫方式下扫雷航路动态优化方法，并通过仿真进行验证。在此基础上，对声磁联合工作方式下的直升机扫雷航路动态优化问题进行分析。

第 6 章针对作战效果评估问题，在深入分析直升机扫雷作战过程本质和具体过程的基础上，全面考虑直升机扫雷作战效果评估需求和已知条件，结合虚拟噪声补偿技术，建立了描述扫雷作战过程的数学模型。采用鲁棒卡尔曼滤波技术对扫雷作战效果进行评估，并开展实例仿真验证。此外，在扫雷作战效果评估的基础上，研究雷区范围动态调整问题，给出了动态调整方法。

第 7 章深入分析直升机扫雷作战任务优化的概念，研究作战任务决策组成问题，在此基础上，分析系统功能，并设计开发了直升机扫雷作战决策支持演示系统。然后，结合具体的作战想定，利用决策支持系统给出直升机扫雷作战任务决策过程和优化结果，进而通过实例验证系统的辅助决策功能。研究成果可为实用性直升机扫雷作战决策支持系统开发提供技术参考。

第 2 章

直升机扫雷作战使用基本问题研究

直升机扫雷作战任务、作战方法和作战样式等作战使用基本问题，是开展直升机扫雷作战相关问题研究的基础。本章通过对国外反水雷直升机性能特点和作战运用情况的调查、分析和总结，结合扫雷战术基本理论、直升机的飞行特性等技术性能，对直升机扫雷任务、扫雷方法、扫雷作战样式和扫雷队形的保持进行了详细的分析和论述；并针对水雷布成雷线样式，对直升机搜扫和清除雷线的方法建模，通过实例验证直升机扩方扫除雷线的可行性。此外，还对扫雷区特殊模式及其扫雷方法进行了深入研究，并给出划分折线航道的算法，进一步补充了直升机扫雷战术。

|2.1　直升机扫雷任务|

扫雷是与敌人水雷直接作战的一项艰巨的战斗任务，结合直升机技术性能和飞行特性，按其目的和性质，直升机可担负不同性质的扫雷任务，其中包括检查扫雷、清扫水雷、导航扫雷与护航扫雷[37]。

2.1.1　检查扫雷

检查扫雷是进行水雷侦察的重要手段，检查扫雷的任务是对可能有水雷的航道或海区进行水雷侦察，以查明有无水雷危险，其目的在于及时发现和查明敌布水雷障碍。通常怀疑敌在我方航道、港湾、停泊场、训练区、机动区和常用航线上布设水雷时，进行检查扫雷。

根据扫雷的目的与时机，检查扫雷分为定期检查扫雷、预先检查扫雷和临时检查扫雷。

检查扫雷的特点是对敌雷情不够了解，扫雷活动存在一定的盲目性；扫雷可靠性不高，可以根据扫雷兵力充裕程度和任务紧迫性，将一般性检查和有重点的检查相结合。检查航道和检查地域扫雷时的实施要点见表 2 - 1。

表 2 - 1　检查扫雷的实施要点

检查扫雷方式	扫雷范围	扫雷方法	扫雷次数
检查航道扫雷	①一般应检查航道的整个宽度和长度； ②扫雷兵力和时间不足时，只检查一侧重要地段和中线部分，其宽度为 1～5 链； ③按上级要求的范围进行	通常采用清扫法，对一般性航道可采用"全面检扫法"	通常为 3～5 次
检查地域扫雷	①按上级指定的检查范围实施； ②以上级通报的可疑水雷位置为中心划一正方形区域，中心至每边的距离，根据观察误差和海区情况确定，一般为 3 n mile，开阔海区为 5 n mile	通常采用"清扫法"或"全面检扫法"	通常为 3～5 次

直升机在检查扫雷中，发现非触发水雷爆炸后，应迅速上报和通报，并按上级预先的指示处置。如果事先未受领有关发现水雷后的指示时，应根据情况按一定的原则开展后续行动。主要包括：检查重要航道、地域发现水雷后，应直接着手进行水雷障碍清扫；检查一般航道、地域时发现水雷，则可请示后行动；预先检查舰船必经的航道发现水雷后，应当请示转入疏通航道扫雷或者导航扫雷或选用迂回航道；对我方水雷障碍中留有的航道检查扫雷发现水雷后，应立即转入清扫水雷障碍；定期检查疏通后的航道发现水雷时，应当继续按照原计划完成检查后，再请示转入疏通航道扫雷等。

2.1.2　清扫水雷

清扫水雷障碍是采用扫雷手段，全面、彻底、可靠地消除水雷危险。它是战时打破敌人水雷封锁和战后彻底消灭水雷障碍的基本方法。其目的在于全面、彻底、可靠地消除水雷危险，确保舰船航行安全和行动自由。清扫水雷障碍动用兵力较多，所需时间较长，组织和各种保障措施复杂，通常在战后进行，战时一般只清扫急需使用的航道和机动区。

按照扫雷作战的时机和战争背景不同，清扫水雷障碍可区分为战后的彻底清扫和战时的疏通航道扫雷。按照扫雷任务的地理环境特点不同，清扫水雷障碍包括对航道的清扫和对地域的清扫，具体实施要点见表2－2。

表2－2　清扫水雷障碍的实施要点

类型	时机	特点	清扫范围	扫雷方法
航道清扫	①重要的航道、港湾、交通枢纽；②发生舰船触雷或水雷自炸时；③必须转入疏通航道扫雷时	①受海区地理环境影响大、机动困难；②受敌海空兵力的威胁；③难度大，对抗性强；④通常要求在规定时间内疏通航道，任务紧迫	根据扫雷兵力数量和舰船旋回性能及海区助航条件而定，宽度通常不小于1～3链，必要时可扩大到5链；如果兵力和时间允许，应清扫整个航道宽度	以清扫法从航道中心线开始扫雷，一般情况下，扫雷带方向的配置应与航道中心线平行
地域清扫	①战时发现水雷障碍迫切需要清扫时；②战后彻底打破敌水雷封锁时；③己方布设的水雷障碍失去作战意义时	①清扫面积大，时间长；②动用较多兵力与器材；③对水雷情况比较了解；④通常没有敌情威胁	根据雷区大小、形状、风流、航行障碍物等情况，将水雷障碍划分成若干扫雷地段，逐段进行清扫	采用清扫法，从雷区边缘开始依次配置扫雷线路

2.1.3　导航扫雷与护航扫雷

导航扫雷是扫雷直升机使用扫雷具掩护并引导其他舰船航行的一种方法，是舰船进出港、海上航行和登陆作战时对水雷的防御措施之一。实施导航扫雷的目的是为了及时引导舰船通过水雷危险区，使其避免或减少触雷危险，且不致过早暴露我方行动企图。

护航扫雷是扫雷直升机使用扫雷具干扰水雷，使其进入封闭状态，保护舰船通过水雷障碍。实施护航扫雷的目的，是为了及时掩护舰船通过水雷危险区，使其避免或减少触雷危险。护航扫雷可有效对付包括智能水雷在内的现有各种新、旧沉底水雷。与导航扫雷不同，护航扫雷并不要求清除水雷，其原理是使水雷进入抗扫封闭状态，保护舰船安全通过。

护航扫雷的组织实施方法与导航扫雷类似，但护航扫雷协同行动较复杂。例如，被保护舰船不仅要求航行在规定的航道内，同时与扫雷直升机之间的纵向距离也要符合规定。

护航扫雷目前仅是理论上可行的方法，还有待于实践中检验，并逐步形成实用可行的组织实施方法。

导航扫雷和护航扫雷时机、特点和实施要点见表 2 – 3。

表 2 – 3　导航扫雷和护航扫雷的实施要点

类型	时机	特点	实施要点
导航扫雷	①舰船急需通过有雷障的航道或航行海区时。 ②登陆作战中引导登陆部队强渡敌水雷障碍时。 ③舰船通过可疑水雷危险区时。 ④战时，重要舰船进出基地时	①行动隐蔽，不致过早暴露我方兵力行动意图。 ②被护航舰船的航速和机动受到限制。 ③投入兵力多，组织协同比较复杂	①导航扫雷带的宽度，应能保障被导航舰船的航行安全和旋回机动。 ②扫雷队形一般为多列梯队或多列横队；被导航的舰艇，通常组成单纵队。 ③为缩短航渡时间和便于编队机动，直升机扫雷航速与编队同
护航扫雷	①与导航扫雷基本相同。 ②只适用于非触发水雷，通常应与接触扫雷编队联合行动，由接触扫雷编队在前方导航扫雷，非接触扫雷编队实施护航扫雷	①可有效发挥直升机扫雷速度快、机动性强的特点。 ②需仔细分析各种同步状态下的磁场分布情况，确保编队安全通过	①护航扫雷编队的前导扫雷直升机可采用单机或双机横队，应具有较高的航速，能产生较大的物理场区，扫爆无抗扫能力的水雷，使定次水雷和智能水雷进入封闭状态。 ②被保护舰船应完全处于安全物理场范围内，最佳位置在前导扫雷直升机扫雷物理场区后边界附近，以提高安全性

|2.2　直升机扫雷方法|

扫雷方法是指相邻扫雷带之间的配置方法。在扫雷作战过程中，多数情况下，应根据扫雷作业的需要将扫雷区域划分成若干相互平行的扫雷带，逐带依次进行扫雷。虽然直升机扫雷作战过程与水面舰艇扫雷作战过程差别较大（具体见第 3 章），但直升机扫雷方法与水面舰艇扫雷也有相似的地方。根据不同性质的扫雷任务和要求，直升机扫雷方法可分为清扫法和检扫法。

1. 清扫法

清扫法是指相邻扫雷航线的扫雷宽度之间有一定重叠的扫雷方法。重叠宽度一般为 2 倍航迹宽度均方误差（2δ），如图 2 - 1 所示。扫雷带的实际宽度可按下式求得，即

$$B_带 = B - 2\delta$$

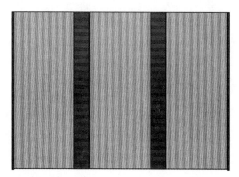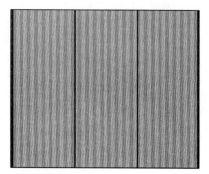

图 2 - 1　清扫法

清扫法可靠性较高，通常用于清扫水雷障碍，或对重要航道进行检查扫雷。

2. 检扫法

检扫法是指相邻扫雷航线的扫雷宽度之间没有重叠，并留有一定的空隙。为了满足不同的扫雷任务，根据扫雷战斗活动方式的不同，如某些情况下要求彻底清除水雷，而有些情况下则要求迅速查明水雷情况，应采取相应的扫雷方法。根据相邻扫雷航线间空隙的大小，检扫法又可分为全面检扫法、普通检扫法和简略检扫法，如图 2 - 2 所示。3 种检扫法扫雷带的实际宽度为

$$B_带 = \begin{cases} B & （全面检扫法） \\ 2B & （普通检扫法） \\ 3B & （简略检扫法） \end{cases} \quad (2-1)$$

全面检扫法通常用于检查航道或重要地域。采用全面检扫法扫雷时，由于直升机受风向以及飞行操纵误差影响，相邻扫雷带间不可避免地会产生漏扫区。全面检扫法可靠性较清扫法差。

普通检扫法和简略检扫法一般用于检查开阔海区或航道，用于扫雷预先作业或发现大规模雷障。由于相邻扫雷带间间隙较大，容易漏掉水雷，可靠性比全面检扫法更低。

图 2-2　检扫法

|2.3　直升机扫雷作战样式|

扫雷直升机对雷区进行扫雷作业时，应首先将雷区划分为若干扫雷带，然后根据任务性质和时间紧迫程度确定扫雷方法（清扫法或检扫法），从雷区边缘开始逐带进行扫雷作业，直至完成全部扫雷任务。

根据扫雷直升机与其他扫雷兵力协同配合的样式不同，直升机扫雷作战可分为独立作战和协同作战两种样式。

2.3.1　独立作战

独立作战是指使用扫雷直升机单一兵力执行扫雷任务的作战样式。独立作战又可分为单机作战和多机作战，即由一架或者多架扫雷直升机在扫雷带内执行扫雷任务。

多架扫雷直升机执行扫雷任务时，若扫雷作业区开阔，可采取多机分区作战的形式；若扫雷作业区狭长，则可采取多机鱼贯法跟进的扫雷作战形式，要求前后扫雷直升机之间要保持足够的纵向距离。

当对航道进行扫雷作业时，可首先从航道中心航线开始扫雷，并逐渐向两侧扩展。当扫雷直升机在舰船编队前方航道上导航扫雷或护航扫雷时，应以舰船编队预定航道为中心划定若干条扫雷带，并从中心航线开始扫雷。此时，扫雷宽度应能保证舰船编队的旋回机动。具体作战样式有以下几种。

1. 单机作战

1）单机直线扫雷

当航道较窄时，可采用单机直线扫雷或单机闭合扫雷。单机直线扫雷是直升机拖曳扫雷具沿一个航向来回扫雷，如图 2-3 所示。单机闭合扫雷，既可采取重叠性扫雷，也可采用非重叠性扫雷。重叠性扫雷是指航路间距小于扫雷宽度；非重叠性扫雷是指航路间距大于扫雷宽度，如图 2-4 所示。

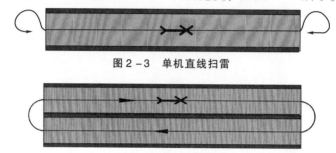

图 2-3　单机直线扫雷

图 2-4　单机闭合扫雷

2）单机平行扫雷

平行扫雷作业模式有两种，包括边缘渐进扫雷和中心航线扫雷。

（1）边缘渐进扫雷。

边缘渐进扫雷是指直升机拖曳扫雷具，从水雷可疑区的一端逐带依次渐进向另一端扫雷，直到扫出可用的荐用航道为止。其作业方式如图 2-5 所示。

（2）中心航线扫雷。

中心航线扫雷是一种为了提

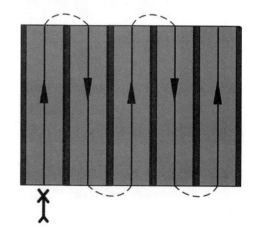

图 2-5　边缘渐进式扫雷

高已搜扫作业区利用率的作业模式，其布线方式如图 2-6 所示。若在已搜扫带 1 未发现水雷，而在相邻搜扫带 2 发现水雷，为了能够充分利用无雷的搜扫带 1，应以搜扫带 1 为中心线，先搜扫左侧相邻区域搜扫带 3。若直升机在搜扫带 3 没有发现水雷，则 1、3 搜扫带可以组成荐用航道。若在搜扫带 1 发现水雷，则以已发现水雷的破坏半径为尺度向外扩展至新的搜扫带进行搜扫。

3）单机扩方扫雷

在扫雷作战实施过程中，常可遇到这样的情况：已发现的水雷呈现雷线阵样式，如图 2 - 7 所示。在这种情况下，应首先考虑清除雷线，迅速降低水雷威胁，提高作业效率。为了清除雷线，首先必须判断雷线的位置。与预先作业和一般性的水雷侦察这类以判断雷区范围大小为目的的作业不同，以清除水雷为目的的扫雷，关键问题是能够尽快发现水雷，因此其行动方法完全不同。

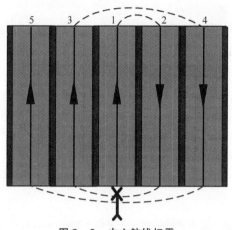

图 2 - 6 中心航线扫雷

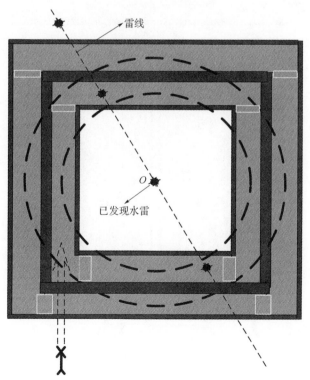

图 2 - 7 单机扩方扫雷

而直升机扫雷具有机动性能好的优势。在这种情况下,可以采用扩方扫雷线路进行扫雷作战。即用一组正方形扫雷线路逼近理想的同心圆线路,如图2-7所示。

扩方扫雷的优点是可以在较短时间内清除较多水雷,提高作业效率,并有可能提前完成任务。具体过程见2.5.1小节。

2. 多机作战

1)双(多)机分段扫雷

当障碍区较长或较宽时,可采用双(多)机分段扫雷,包括平行多段扫雷和并行多段扫雷,如图2-8和图2-9所示。扫雷方法是将作业区划分为多段,扫雷直升机从各自分段作业区一端开始扫雷作业。每架扫雷直升机具体可采用单机直线扫雷或单机闭合扫雷方法。扫雷作业期间,直升机各自按区域独立开展工作,相互协调比较简单,方便组织实施。但是,为保证安全起见,各段作业区之间往往要保持一定的间隔,从而会造成一定的漏扫区存在。

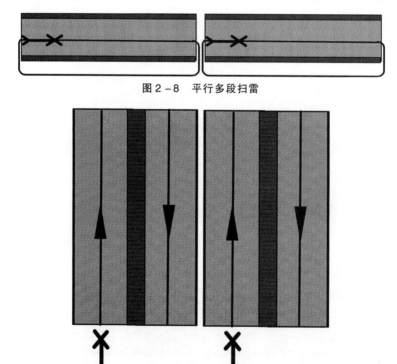

图2-8 平行多段扫雷

图2-9 并行多段扫雷

2)多机横队扫雷

平行扫雷法是指多机同步悬停,沿一个方向同步搜扫,战斗队形为横队,如图 2 – 10 所示。当扫雷区域面积不大，扫雷兵力充足，一个航次可以覆盖所要搜扫的区域时，可采用平行扫雷方法。该方法的缺点是：需要兵力数量较多；扫雷作业的组织和实施较复杂。

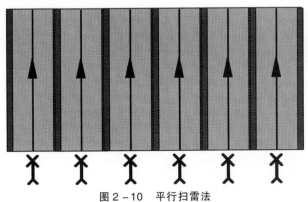

图 2 – 10 平行扫雷法

3）多机梯队扫雷

多机梯队扫雷是指多机同步悬停，沿一个方向同步扫雷，战斗队形为梯队，如图 2 – 11 所示。多机梯队搜扫包括密集梯队和展开梯队。

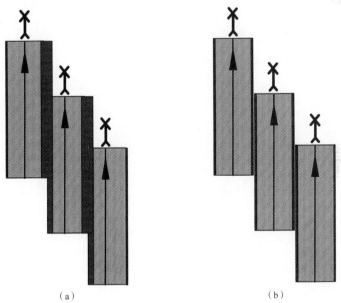

（a）   （b）

图 2 – 11 多机梯队扫雷

（a）密集梯队；（b）展开梯队

（1）密集梯队是指编队各直升机按梯阶配置的一种扫雷队形。除前导直升机外，其他各直升机在任何情况下，均被前行扫雷直升机扫雷具部分掩护。

后续各直升机在前导直升机的右侧配置时为右梯队；反之，为左梯队。

（2）展开梯队是指编队各扫雷直升机按梯阶配置，间隔大于密集梯队，队形中的所有扫雷直升机，都不在扫雷具掩护宽度之内的一种扫雷队形。展开梯队多在夜间或视距不良时使用。

4）多机纵队扫雷

多机纵队扫雷是将直升机配置成平行的单梯队队形，如图2-12所示。除前导直升机外，后续各直升机均在扫雷具掩护宽度之内。由于各列搜扫宽度互相重叠，扫雷可靠性好。编队扫雷宽度等于单架直升机扫雷宽度。编队扫一趟次，就能完成多次扫雷的要求，可加快扫雷进程，扫雷可靠性好，且易于保持队形。但队形纵深较长，编队指挥比较困难，所需扫雷兵力多，机动不便。多机纵队扫雷通常在狭窄水道和导航扫雷时使用。

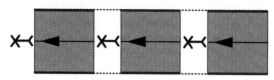

图2-12 多机纵队扫雷

2.3.2 协同作战

协同作战是指使用扫雷直升机与各型猎扫雷舰船进行相互协调，通过作战时间和作战空间的配合共同完成扫雷作战任务。

1. 协同兵力

与直升机扫雷系统协同作战的反水雷兵力主要是各型猎扫雷舰艇。直升机扫雷系统与扫雷舰艇协同作战时的基本原则方法是"直升机为先，舰艇在后。"

（1）应先以扫雷直升机拖曳非接触扫雷具，扫除高灵敏度沉底雷；再以扫雷舰艇扫除中低灵敏度水雷。

（2）应先以扫雷直升机拖曳非接触扫雷具，将雷区中的水雷稀化后，再以猎雷舰实施猎雷作战。

2. 协同方式

直升机扫雷系统与猎扫雷舰艇的协同内容，主要包括作战时间、作战空间和作战深度上的协同。

1）作战时间上的协同

在猎扫雷舰艇进入作业区执行猎扫雷任务以前，先以直升机先行扫雷，待清除高灵敏度沉底雷后，再由猎扫雷舰艇进入作业区，完成扫雷直升机难以扫除的定深较大的锚雷和灵敏度较低的沉底雷。其目的在于既能有效保证猎扫雷舰艇在雷区作业时的安全，又保证了反水雷作战的彻底、可靠。

2）作战空间上的协同

在执行反水雷导航或突破雷阵的任务中，可以将扫雷直升机配置在猎扫雷舰艇前方，由扫雷直升机和猎扫雷舰艇共同对舰艇编队进行反水雷导航。扫雷直升机用以扫除对猎扫雷舰艇构成威胁的高灵敏度沉底雷，为猎扫雷舰艇提供一定的保护。

3）作战深度上的协同

根据装备性能特点，以扫雷直升机负责完成浅水区域的扫雷任务，或者针对高灵敏度沉底水雷进行扫雷，而以猎扫雷舰艇完成较大深度区域的反水雷作战任务。

3. 协同队形

为快速突破水雷封锁，扫雷直升机通常与扫雷舰艇协调配合使用，以取长补短，提高反水雷作战的速度和效率，确保扫雷兵力安全。如在护航扫雷作战中，由于扫雷舰剩磁能引起高灵敏度水雷动作，威胁到扫雷舰安全，所以对于高、低灵敏度混布的非触发水雷障碍，可先由扫雷直升机扫除高灵敏度水雷，然后再由扫雷舰扫除低灵敏度水雷，这样可在一定程度上确保扫雷舰的安全。

根据扫雷装备物理场的范围特性，在实施舰机协同扫雷时，通常由一架扫雷直升机在前，两艘扫雷舰（艇）组成单横队在后，组成协同队形；或由两架扫雷直升机在前，一艘扫雷舰（艇）组成单横队在后，组成协同队形，如图 2－13 所示。

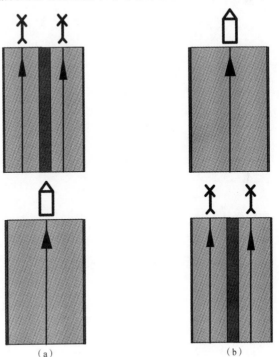

（a）　　　　　　　　　　　（b）

图 2－13　舰机协同扫雷队形

（a）机前艇后协同队形；（b）机后艇前协同队形

|2.4 直升机扫雷队形的保持|

编队扫雷时，严格保持规定的队形，是保证扫雷作业质量和直升机安全的重要措施之一。编队指挥人员应经常检查各直升机队形保持状态。其他各直升机机组应指定专人不间断地观测队形要素的变化，及时发现并修正误差，以便准确地保持扫雷队形。

1. 方位、距离保持法

该方法主要用于横队，也可用于梯队。检查和修正的方法如下。

（1）横队扫雷时，测得指挥直升机的方位应符合规定。当距离小于或大于规定时，应根据距离误差的大小，适当修正航向，扩大或缩小直升机间隔。测得指挥直升机的距离应符合规定。当方位超前或落后时，则减速或增速，并同时向外修正航向。

（2）密集梯队扫雷时，测得前行直升机的方位应符合规定。当斜距小于或大于规定时，应根据距离误差的大小，适当减速并将航向向外修正，或适当增速并将航向向里修正。测得前行舰斜距应符合规定。当方位超前或落后时，则适当减速并将航向向里修正，或适当增速并将航向向外修正。

（3）梯队扫雷时，一般采用测定与前行直升机扫雷具指示浮体的方位和距离的方法来检查和保持队形。队形修正方法同密集梯队。当测得的方位、距离均有误差时，应按上述两种方法综合进行修正。

2. 看齐角、重叠角保持法

密集梯队扫雷时，可采用检查看齐角和重叠角的方法来保持队形，修正方法如下。

（1）看齐角和重叠角均大于规定数值时，说明后续直升机超前，应做减速调整。

（2）看齐角和重叠角均小于规定数值时，说明后续直升机落后，应做增速调整。

（3）看齐角小，重叠角大时，说明后续直升机偏向内侧，应向外修正。

（4）看齐角大，重叠角小时，说明后续直升机偏向外侧，应向内修正。

（5）看齐角正好，重叠角大时，说明后续直升机超前偏内，应减速向外调整。

（6）看齐角正好，重叠角小时，说明后续直升机落后偏外，应增速向内调整。

（7）重叠角正好，看齐角大时，说明后续直升机超前偏外，应减速向内调整。

（8）重叠角正好，看齐角小时，说明后续直升机落后偏内，应增速向外调整。

|2.5　特殊模式下直升机扫雷作战使用方法|

相对于水面舰艇而言，直升机是一种有效的反水雷平台，具有机动性强和效率高的优点。因此，在反水雷作战中，应针对扫雷直升机的特点，研究采用新的反水雷方法提高反水雷效率。

本节对直升机扩方扫除雷线的方法进行了研究，还对扫雷区特殊模式及其扫雷方法进行了研究，并给出划分折线航道的算法。

2.5.1　雷线的搜扫与清除

清除雷线应发挥直升机机动性能好的优势，采用扩方扫雷线路，即用一组正方形扫雷线路逼近理想的同心圆线路[27]。

为了清除雷线，首先必须判断雷线的位置。与预先作业和一般性的水雷侦察中以判断雷区范围大小为目的的作业不同，以清除水雷为目的搜索，关键问题是能够尽快发现水雷，因此其行动方法完全不同[30]。本书结合直升机的飞行特性，针对水雷雷线的布设样式，对判断雷线的方法和作战样式进行了深入研究。

1. 雷线的搜扫与清除方法

1）雷线样式

出于不同的战术目的，可以将水雷障碍布放成各种不同样式，主要有雷线、雷幕和不规则水雷障碍等几种。

雷线一般由相同种类的水雷构成，水雷之间间隔相等，呈线状排列。雷线具有较强的封锁力，可广泛用于防御和攻势作战。当需要增加水雷障碍威力时，可布设多条平行雷线。雷线按其长度不同又可分为短雷线、中雷线和长雷线[15]。

在扫雷作战中，发现单个水雷是最常见的情况，而所发现的单个水雷可能来自情报、侦察水雷作业或扫雷直升机本身的作战活动。无论情况如何，首先应考虑其为雷线障碍的一部分，并开始执行雷线清除作业。为尽快发现新的水雷，以便确定雷线方向，后续搜扫线路应尽可能靠近已知水雷，即从其附近开始搜扫，逐步扩大搜扫范围。

为确定搜扫线路，关键是要预估雷线中的水雷间隔。为防止邻雷殉爆，水雷布放间隔必须大于某一距离。但为使雷线具有一定封锁力，间隔又不能太大。根据水雷一般技术参数估计，水雷布放间隔通常在数十到数百米之间。

2）直升机搜扫雷线方法

（1）直升机反水雷扩方扫雷航路模型。

为了清除雷线，首先必须判断雷线的位置。考虑典型情况：在已发现一枚水雷的情况下，及时发现第二枚水雷，对迅速查明雷线位置尤为重要。之后沿两雷连线进行搜索，将会很快发现新的水雷。这种情况下，采用文献［30］确定的雷线方程可迅速将线路上的水雷全部查出。

直升机反水雷具有机动性能好的优势，在这种情况下，可以采用扩方扫雷线路，即用一组正方形搜扫线路逼近理想的同心圆环线路。具体搜扫参数计算过程如下。

若已发现水雷位置为 (x_0, y_0)，水雷间隔取值 $d^* \in [d_{min}, d_{max}]$，$d_{min}$ 为水雷最小间隔，d_{max} 为水雷最大间隔，扫雷宽度为 B，则下一枚水雷在内径为 d_{min}、外径为 d_{max} 的圆环内。扫雷航路可由一组正方形组成，如图 2 - 14 所示。

直升机沿 Z 点进入，沿 H_1A_1 航向搜扫，航行至 A_1 点后转向，进入 B_1C_1 搜扫；之后采用同样的方法进入 D_1E_1 和 F_1G_1 航向搜扫，完成一次扩方扫雷。根据扫雷次数的要求，如此反复，直至发现水雷。若没有发现水雷，则转入邻近航路扩方扫雷。

（2）反水雷直升机航路"过渡"方式。

扫雷直升机拖曳扫雷装备从一个航路"过渡"到下一个航路时，可能采取 3 种转向方式，即原地转向、盘旋和转弯。直升机在水平平面内转 360° 的曲线运动称为盘旋，不到 360° 的盘旋称为转弯，坡度小于 45° 的盘旋认为是最小坡度盘旋，而大于 45° 的盘旋则称为大坡度盘旋。直升机的盘旋有稳定盘旋（速度和坡度不变）和带及不带侧滑的不稳定盘旋，这时通常把等速等坡度而且没有侧滑的盘旋称为稳定的正确盘旋。

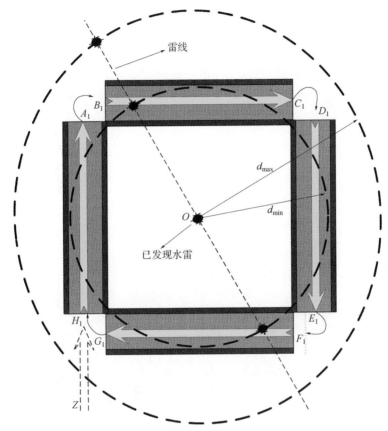

图 2 - 14　直升机扩方扫雷线路

　　原地转向时，按直升机操作性能的要求，反水雷直升机需要逆风悬停。结合雷线扫除方法，采用这种方法时，直升机需要从各个方向转入逆风悬停，对于拖曳扫雷系统的直升机，较高的海况将会给操作带来不便。因此，直升机的过渡转弯方式主要采用盘旋和转弯。

　　考虑直升机反水雷过程的安全性和稳定性，宜采用正确盘旋方式航路过渡。

　　正确盘旋的航迹是半径为 r 的圆周，其机动运动各参数可由机动性方程式 (2 - 2) 来确定[38]，即

$$
\begin{cases}
\dfrac{1}{g}\dot{V} = n_{x_a} - \sin\Theta \\[2mm]
\dfrac{1}{g}V\Theta = n_{y_a}\cos\gamma - \cos\Theta \\[2mm]
\dfrac{1}{g}\dot{V}\psi = -n_{y_a}\dfrac{\sin\gamma}{\cos\Theta}
\end{cases}
\qquad (2 - 2)
$$

式中，$\Theta \approx \vartheta - \alpha\cos\gamma$，其中 ϑ 为俯仰角，α 为攻角，γ 为坡度；n_{x_a} 为切向过载；n_{y_a} 为法向过载。对于正确盘旋（$\cos\Theta = 1$；$\dot{V} = \dot{\Theta} = n_{z_a} = n_{x_a} = 0$；$n_{z_a}$ 为侧向过载）可变为

$$\begin{cases} n_{y_a}\cos\gamma - 1 = 0 \\ \dfrac{1}{g}V\dot{\Psi} = -n_{y_a}\sin\gamma \end{cases} \qquad (2-3)$$

直升机的盘旋线速度可用在水平面内的盘旋半径 r 和转弯角速度 $\dot{\Psi}$ 来确定，对右正确盘旋，有

$$V = -\dot{\Psi}r \qquad (2-4)$$

负号表示：在向左转弯中的方向角 Ψ 为正时，法向过载的作用方向与 OZ_a 轴相反。

$$r = \frac{V^2}{gn_{y_a}\sin\gamma} = \frac{V^2}{g|\tan\gamma|} = \frac{V^2}{g\sqrt{n_{y_a}^2 - 1}} \qquad (2-5)$$

直升机盘旋中转弯角速度（按绝对值）为

$$\omega = \dot{\Psi} = \frac{V}{r} = \frac{g|\tan\gamma|}{V} = \frac{g}{V}\sqrt{n_{y_a}^2 - 1} \qquad (2-6)$$

根据式（2-6），左盘旋时，直升机向左转弯、向左倾斜并低头下俯；右盘旋时，直升机向右转弯、向右倾斜并抬头上仰。盘旋时间（转弯360°）为

$$t = \frac{2\pi}{\omega} = \frac{2\pi V}{g|\tan\gamma\vartheta|} = \frac{2\pi V}{g\sqrt{n_{y_a}^2 - 1}} \qquad (2-7)$$

正确盘旋的所有性能完全取决于直升机曲线运动的速度和法向过载，这对实现机动飞行是必要的。根据式（2-7），为了减小盘旋时间和半径，需要降低盘旋速度和增大法向过载。

在图 2-14 中，直升机航行至 A_1 点后要转向至 B_1 点进入 B_1C_1 航路扫雷，为使直升机能准确进入下一航路，从而保证可靠的扫雷效率，为此要求直升机向右转向90°，转弯半径为扫雷宽度的一半。由式（2-5）可算出坡度，进而由式（2-7）可算出盘旋时间。

通过仿真计算，由于直升机在扫雷时处于低速航行，转弯半径较小，计算出的坡度在允许操作范围内，其他航路点转向方法同此。

2. 直升机反水雷扩方扫雷边界的确定

采用直升机扩方扫雷方法确定雷线位置有两种方式，即由内向外扩方扫雷和由外向内扩方扫雷。一般情况下，最内侧的正方形扫雷线路较短，相对来说，对直升

机机动飞行要求高，因此多采用由外向内扩方扫雷方式。但在确知水雷间隔的情况下，为了尽快查明雷线，提高工作效率，即便机动困难，也应采用由内向外扫雷方式，现分别对两种扫雷方式建模。

1）由内向外扩方扫雷

由图 2 – 15 可以看出，最内侧第一个正方形中，各条线路与已知水雷之间的距离为

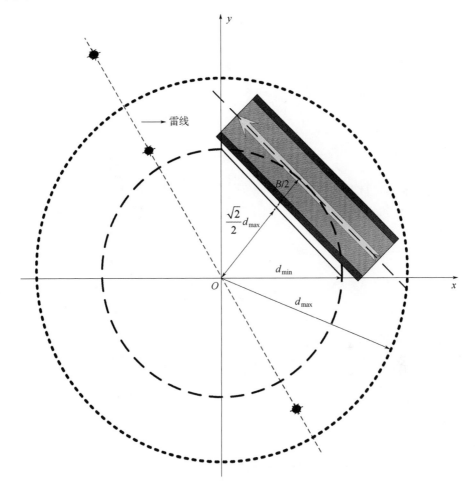

图 2 – 15　直升机扩方扫雷宽度（一）

$$r = \begin{cases} d_{\min} & \left(1 - \dfrac{\sqrt{2}}{2}\right)d_{\min} < \dfrac{B}{2} \\[2mm] \dfrac{\sqrt{2}}{2}d_{\min} + \dfrac{B}{2} & \left(1 - \dfrac{\sqrt{2}}{2}\right)d_{\min} \geqslant \dfrac{B}{2} \end{cases} \qquad (2 - 8)$$

各线路长度相等，即长度 $l = 2r$。

其余各组线路的确定方法相同，即与内侧相邻线路保持某一距离 D。若航行中的距离保持误差均方差为 E，通常可选择：$D = B - 2E$。

2）由外向内扩方扫雷

由图 2-16 可以看出，最外侧第一个正方形中，各条线路与已知水雷之间的距离为

$$r = d_{\max}$$

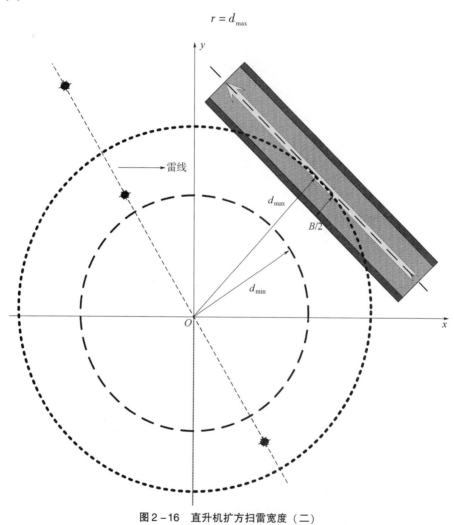

图 2-16 直升机扩方扫雷宽度（二）

各线路长度相等：即长度 $l = 2r$。

其余各组线路的确定方法与式（2-8）相同。

3. 直升机反水雷扩方扫雷概率分析与航路优化

搜扫水雷过程中，要想发现水雷，必须同时考虑两个问题：一个是线路配置问题，保证水雷能够以一定概率被覆盖；另一个是搜扫次数问题，保证水雷能够被发现。以下分别讨论。

1）扫雷线路配置

水雷布设范围和样式与布雷平台关系非常密切。攻势布雷行动中，常用布雷平台是飞机或潜艇。在实际作战过程中，对敌方相应的布雷平台可以有一定程度的了解，并可根据其载雷数量和作战习惯，对所布雷数有个大致了解。

（1）扫雷区域。

由图 2 – 15 可知，实际搜扫区为一圆环，内径为 $d_{\min}$，外径为 $d_{\max}$。扩方扫雷区域能完全覆盖圆环。

（2）线路配置。

①扫雷线路数量。设每条航路正面宽度为 M，则

$$M = \begin{cases} d_{\max} - \dfrac{\sqrt{2}}{2}d_{\min} - \dfrac{B}{2} & \text{（由内向外）} \\ d_{\max} - d_{\min} & \text{（由外向内）} \end{cases}$$

扫雷平台的扫雷宽度为 D，扫雷线路为 n 条，则按扩方扫雷法，有 $n = \dfrac{M}{D}$。

如果上式计算结果不为整数，应向上取整，实际计算公式应为

$$n = \text{int}\left[\frac{M}{D}\right] + 1$$

②扫雷线路间隔。n 条扫雷线路必须均匀分布在正面宽度中，才能满足均匀扫雷的要求。因此可以求得扫雷线路间隔为

$$d = \frac{M}{n}$$

2）水雷发现概率

水雷被搜扫时，以一定概率被发现。当采用前述线路配置方式时，被覆盖的水雷有一枚或两枚。为保证水雷被发现，必须要求被覆盖的水雷达到较高的发现概率。

假定水雷定次为 m 次，水雷动作概率为 p，则在 k 次作业后，水雷的动作次数服从二项式分布，即其动作 i 次的概率为

$$P(x = 1) = C(k, i)p^i (1 - p)^{k-i} \tag{2-9}$$

其中：

$$C(k,i) = \frac{k!}{i!\ (k-i)!}$$

动作次数大于 m 的概率，其计算公式为

$$P(x > m) = 1 - P(x \leqslant m) = 1 - \sum_{i=0}^{m} C(k,i)p^i\ (1-p)^{k-i} \qquad (2-10)$$

由式（2-10）可以计算出任意一枚水雷在 k 次覆盖中被发现的概率。如果给定要求达到的发现概率 P_f 和水雷定次 m 后，可以确定出所需要进行的扫雷次数 k。具体算法可采用搜索方式，即从 $k = m$ 开始，计算出一定范围内的 $P(x > m)$，当出现结果大于 P_f 的情况时，就得到了相应的 k 值。

3）航路优化方案

在采用直升机对雷线扩方搜扫时，合理的扫雷方案应保证总的作业效率最高，即在满足总概率指标的前提下，使作业的时间最短。对直升机拖曳扫雷装备来说，就是直升机扫雷速度的提高。因此，直升机反水雷采用扩方扫雷是一个关于时间的优化问题。

如果所确定的线路数为 n，作业次数为 k，搜扫速度为 v，t_h 为直升机过渡到下一航路所用时间，则每条航路总的作业时间为

$$T = nk\left(\frac{t_h + l}{v}\right) \qquad (2-11)$$

保证作业效率最高，就是使式（2-11）达到最小值。因此，直升机对雷线扩方扫雷航路优化方案问题可表示为以下最优化问题，即

$$\min T = nk\left(\frac{t_h + l}{v}\right)$$
$$\text{st}: \begin{cases} n = n(v) \\ k = k(p) \end{cases} \qquad (2-12)$$

在给定 v 和 p 后，即可确定扫雷线路数量和作业次数。

上述问题的解析表达式很难获得，但仍然可以采用搜索的办法得到其最优解。根据约束条件，如果按某种方式分配概率，可得到一组 n、k、t。如果对可能的分配方式都进行计算，便可得到对应的所有 t 值，从中找出 t 的最小值，对应的分配方案就是航路最优方案。

4. 实例分析

给定一水雷障碍区域，在预先扫雷作业中发现一枚水雷，考虑海区特点为浅海海域，敌方对我方实行水雷封锁的可能性较大。结合对敌方布雷平台和布雷方式的分析，判断水雷障碍为雷线样式。根据对已发现水雷定次的分析，确定水雷定次为 0 次。根据对已发现水雷引信灵敏度的分析，确定直升机 3 种不同扫雷速度 v_1、v_2

和 v_3 下的搜扫宽度如表 2-4 所示。对水雷的搜扫概率为 0.76，要求达到 0.95 的发现概率，水雷间隔取值 $d^* \in [50, 650]$，航行均方误差假设为 0，试确定扫雷方案。

表 2-4　不同扫雷速度下的扫雷宽度

扫雷速度/kn	$30(v_1)$	$35(v_2)$	$40(v_3)$
扫雷宽度/m	180	150	100

具体计算过程如下。

（1）确定扫雷方式。由外向内扩方扫雷。最外侧第一个正方形中，各条线路与已知水雷之间的距离为：$r = 650$ m；线路长度为：$l = 1\,300$ m。

（2）扫雷线路配置。由上文线路配置计算方法求出扫雷线路条数及扫雷线路间隔为

$n_1 = 4$；$n_2 = 4$；$n_3 = 6$。

$d_1 = 180$；$d_2 = 150$；$d_3 = 100$。

（3）反水雷直升机航路"过渡"时间。

由式（2-5）：$r = \dfrac{V^2}{g n_{y_*} \sin \gamma} = \dfrac{V^2}{g \mid \tan \gamma \mid} = \dfrac{V^2}{g\,\sqrt{n_{y_*}^2 - 1}}$ 可计算 n_{y_*}，代入式（2-7）可得

$t_1 = 9.17$ s；$t_2 = 6.55$ s；$t_3 = 3.82$ s

（4）确定扫雷次数。用不同 k 值对式（2-10）进行计算。由于假定对水雷的扫雷概率相同，因此 3 种速度情况下的扫雷次数计算过程相同。

$k = 1$ 时，有

$$P(x > 1) = 1 - P(x \leqslant 1) = 1 - \sum_{i=0}^{1} C(k,i) p^i (1-p)^{k-i}$$
$$= 1 - C(1,0)(1-p) - C(1,1)p = 0$$

$k = 2$ 时，有

$$P(x > 1) = 1 - C(2,0)(1-p)^2 - C(2,1)p(1-p)$$
$$= 1 - (1-p)^2 - 2p(1-p) = 0.577\,6$$

$k = 3$ 时，有

$$P(x > 1) = 1 - C(3,0)(1-p)^3 - C(3,1)p(1-p)^2$$
$$= 1 - (1-p)^3 - 3p(1-p)^2 = 0.854\,8$$

$k = 4$ 时，有

$$P(x > 1) = 1 - C(4,0)(1-p)^4 - C(4,1)p(1-p)^4$$
$$= 1 - (1-p)^4 - 4p(1-p)^3 = 0.954\,7$$

由计算结果可以看出，当 $k=4$ 时，可以满足指标要求，因此需要作业 4 次。

（5）由式（2-11）计算每条航路总的作业时间为

$T_1 = 1\ 495.6\ \text{s}$；$T_2 = 1\ 261\ \text{s}$；$T_3 = 1\ 609.2\ \text{s}$

由 $T_2 < T_1 < T_3$ 可以看出，虽然直升机在 30 kn 速度下扫雷宽度最宽，但每条航路总的作业时间却不是最小。这是因为，直升机在扫雷宽度较大时速度会较低，在转弯半径确定的前提下，相应地会使直升机航路"过渡"时间和航路作业时间变长。同时，由算例也可以看出，直升机扫雷航路的优化，不仅与直升机搜扫速度和搜扫宽度有关，还与搜扫区正面宽度和长度有关。

综合以上结果，最后确定的优化方案为：采用由外向内扩方扫雷方式，直升机扫雷速度为 35 kn，扫雷线路 4 条，每线作业 4 次，线路间隔 75 m。

5. 发现多雷时的行动

在发现单雷后的扫雷行动中，如果没有发现水雷，则可以认为水雷障碍不是雷线，应结束清除雷线作业方式。如果发现了水雷，则需要进一步检查是否存在雷线，此时的典型情况为已发现两枚水雷。

显然，以水雷连线方向为雷线方向最合理，在此基础上确定搜扫线路。与其不同的是，此时已知的两枚水雷的距离通常小于预先作业，其影响是雷线误差更大，搜扫线路长度缩短。根据搜扫工具的机动能力，参照发现单雷时的搜扫方式，不难得到此时的搜扫线路[30]。

直升机是一种有效的反水雷平台，在反水雷作战中，可充分发挥反水雷直升机机动性强和安全性好的特点，应研究采用新的反水雷方法，提高反水雷效率。本书针对水雷障碍清除中迅速查明雷线位置的问题，提出了直升机反水雷扩方搜扫的方法，给出了两种扩方搜扫样式，有助于迅速查明雷线，提高扫雷效率。通过实例和分析证明了模型的科学性。研究结果既能为反水雷直升机航路优化和制订反水雷方案提供决策依据，又能为专用反水雷直升机装备的发展提供需求牵引。

2.5.2 扫雷区特殊模式及扫雷方法研究

划分扫雷线路是扫雷作战方案中极其重要的内容。通过划分扫雷线路，扫雷直升机得以按预定的航线进行扫雷，完成预期的扫雷任务。

根据雷区地理环境特点不同，扫雷直升机可以在下列类型的地域担负扫雷作战任务。

①基地附近的近海区域，如航道、港湾舰艇机动区、停泊场等。

②比较狭窄的港口、水道、江河口等。

不同作战样式的扫雷任务，由于其战术要求和地理环境特点不同，与之相适应的扫雷战术方法，如扫雷方向、扫雷间隔、扫雷起点、扫雷次序、扫雷转向方法、扫雷次数等都有一定的区别，扫雷区、扫雷线路的划定方法也有所不同，应该采取不同的组织实施方法。为此，本节在考虑扫雷区典型模式直线航道的基础上考虑特殊航道——折线航道，并给出划分折线航道的算法，可进一步补充扫雷战术使用方法。

1. 扫雷区典型模式[15-16]

根据雷区地理环境特点的不同，雷区可分为 3 种典型模式，即矩形区、直线航道和折线航道。雷区的划分，一般按照与自然环境相近的原则划分。对地理环境不太复杂的水雷障碍区，可将雷区划分为矩形区和直线航道。如果清扫的航道有转折，可划分为折线航道。特殊情况下，还会出现曲线航道，但曲线航道问题为折线航道问题的延伸。在实际应用中，可将曲线航道问题转化为折线航道问题来解决。若雷区地理环境较复杂，如海底地形起伏较大，难以将雷区划分为同一扫雷区时，按照自然环境相近的原则，可对其分区作业，从而将雷区分解为矩形区、直线航道和折线航道 3 种模式的组合。矩形区和直线航道的扫雷方法可参考前面章节内容，本节主要针对折线航道扫雷方法进行建模，并给出了划分折线航道的算法。

2. 折线航道

折线航道是指航道的中心航线为多条线段连接成折线形式，并且航道连续的区域。设航道为由两段航线构成的折线航道（如果是多段航线构成的折线航道，方法与之类似），如图 2 - 17 所示，采用中心航线搜扫或边缘渐进搜扫。

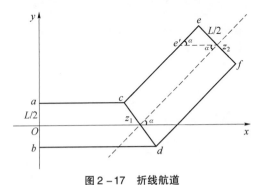

图 2 - 17　折线航道

对图 2 - 17 所示折线航道，在划分扫雷航线时，以每段航道中央航线为中心向两侧划分扫雷线路，进行中心航线搜扫或边缘渐进搜扫。这样，划分得到的每一条扫雷航线均为折线，要求在每一条扫雷航线上连续扫完后，再转入下一条扫雷航线。

如果将扫雷线路依次编号为 1, 2, …, M（M 为奇数），每一扫雷线路所需的扫雷次数为 N 次，在每一条扫雷线路上连续扫 N 次后再转入下一条扫雷线路。如果采用边缘渐进搜扫，首扫航线编号为 1, 转入下一扫雷线路的次序是：1, 2, …, M; 如果采用中心航线搜扫，首扫航线编号为 $\dfrac{M+1}{2}$，转入下一扫雷线路的次序为

$$\frac{M}{2} + \frac{1}{4}\left[\,(-1)^{k+1}(2k-1)+1\,\right], k=1,2,\cdots,M \tag{2-13}$$

即 $\dfrac{M+1}{2}$, $\dfrac{M-1}{2}$, $\dfrac{M+3}{2}$, $\dfrac{M-3}{2}$, …, M。

3. 折线航道扫雷航路配置方法

在直升机拖曳扫雷装备进行扫雷时，折线航道相对于直线航道的不同之处是：需要确定直升机转弯起始点。建立图 2-17 所示坐标系，z_1 点为中心航线转弯起始点，其他航线的转弯起点均在线段 cd 上。航道端点坐标为已知，即 $O(0,0)$、$z_1(x_1,y_1)$、$z_2(x_2,y_2)$、点折线航道与 x 轴夹角为 α，则不难求出 $\alpha = \arctan\left|\dfrac{y_2-y_1}{x_2-x_1}\right|$，由此只需确定直升机转弯起始点方程，即通过 cd 的直线方程。设航道宽度为 L，各扫雷带间隔为 D，扫雷宽度为 B，由图 2-17 及几何关系可知

$$e\left(x_2 - \frac{L}{2}\sin\alpha, y_2 + \frac{L}{2}\cos\alpha\right) \tag{2-14}$$

则过 ce 的直线方程为

$$y = \tan\alpha\left(x - x_2 + \frac{L}{2}\sin\alpha\right) + y_2 + \frac{L}{2}\cos\alpha \tag{2-15}$$

又过 ac 的直线方程为

$$y = \frac{L}{2} \tag{2-16}$$

则联立过 ce 直线方程与过 ac 直线方程，可得交点为

$$c\left(\left(\frac{L}{2}(1-\cos\alpha)-y_2\right)\cot\alpha + x_2 - \frac{L}{2}\sin\alpha, \frac{L}{2}\right) \tag{2-17}$$

由 z_1 和 c 点坐标即可得过 z_1 点和 c 点的直线方程为

$$\frac{y-\dfrac{L}{2}}{\dfrac{L}{2}-y_1} = \frac{x-\left(\left(\dfrac{L}{2}(1-\cos\alpha)-y_2\right)\cot\alpha + x_2 - \dfrac{L}{2}\sin\alpha\right)}{\left(\left(\dfrac{L}{2}(1-\cos\alpha)-y_2\right)\cot\alpha + x_2 - \dfrac{L}{2}\sin\alpha\right)-x_1} \tag{2-18}$$

此即直升机转弯起始点方程。

假设各扫雷航路重叠宽度为 2 倍航行误差 $2E$，则扫雷航线数为

$$m = 2\,\mathrm{round}\left(\frac{0.5L}{B-2E}\right) + 1 \qquad (2-19)$$

扫雷航线间隔为

$$d = \frac{L}{m-1} \qquad (2-20)$$

|2.6　本章小结|

　　本章首先对直升机扫雷方法、扫雷任务、扫雷作战样式和扫雷队形的保持进行了详细的分析和论述；其次对特殊模式下雷线的清除方法建模，通过实例验证了直升机扩方扫除雷线的可行性。此外，还对扫雷区特殊模式及其扫雷方法进行了研究，并给出划分折线航道的算法，进一步补充了扫雷战术使用方法，为以后章节的研究奠定基础。

第 3 章

直升机扫雷作战机动过程建模

非接触声磁联合扫雷具装备直升机后，作战时直升机由岸上基地或战斗舰艇起飞，到达扫雷作业区域上空预定位置后悬停，启动扫雷拖体布放程序，将磁后电极和拖体依次布放到水中。布放过程结束后，打开供电转换开关，启动拖曳状态监控，接通声扫雷具电源和磁扫雷具电源，启动相应的扫雷具状态监测程序，启动扫雷航迹显示，开始进行扫雷作业。根据扫雷作业任务，直升机以设定的航速、航线飞行一定距离，完成一段直线扫雷航线后，直升机减速，开始缓慢拖曳扫雷具拖体转弯。当直升机和拖曳体完成航向调整之后，直升机拖曳扫雷具拖体继续直线飞行，同时要控制直升机飞行航线，使清扫区域和已有的清扫区域有一定的重叠，如此来回往复。

从以上扫雷作战过程可以看出，直升机扫雷的作战过程与水面舰艇扫雷显然不同。两者的区别主要体现在扫雷具布放、扫雷航迹保持和直升机拖曳扫雷具转向 3 个方面，本章主要针对这 3 个问题进行建模与分析。

|3.1　直升机扫雷具布放时机和布放方法|

3.1.1　扫雷具布放时机

直升机扫雷编队进入雷区之前，应根据所采用的扫雷具类型、扫雷队形、海区情况和训练水平，正确掌握投放扫雷具的时机。避免因投放过早而使直升机编队的行动受到限制；或因投放太迟，以至还未投放完毕即进入雷区。投放扫雷具之前，要及时做好准备工作，扫雷具的准备应在投放前 15 min 完成。

编队在到达预定的扫雷具准备地点时，应按统一信号，适时由航渡队形变换为投放扫雷具队形。一般要求在进入雷区前 1 ~ 2 n mile 处将扫雷具投放完毕，并迅速组成扫雷队形，调整航速、修正航向。在离雷区 3 ~ 5 链时，应稳定航速航向，准备进入预定扫雷带。因此，投放扫雷具时的队形，应尽量和扫雷队形一致。为便于投放时的机动，可适当增大直升机之间的正横间隔和纵距[39]。

3.1.2　扫雷具布放方法

扫雷直升机起飞后，由扫雷战术协调员按计划航线引导直升机飞向扫雷海区的扫雷具投放点。扫雷直升机在逆风悬停的状态下完成扫雷具布放。要准确实现扫雷具布放，必须完成以下两个步骤：

①航向调整。直升机到达扫雷作业区后，按操作性能的要求，扫雷直升机应首先需要进入逆风悬停航向。

②悬停过渡。要使扫雷直升机准确到达投放扫雷具位置，完成扫雷具布放，主要应考虑各种风向下如何完成到直升机悬停点间的过渡飞行。

图 3 - 1 是一种典型情况下的扫雷直升机悬停点间过渡示意图。

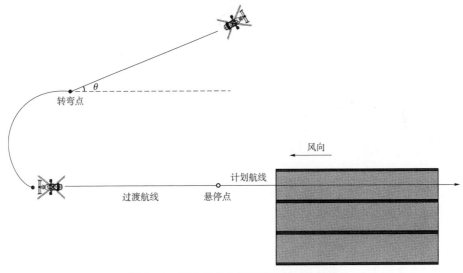

图 3 - 1　直升机进入悬停状态的过渡航线

扫雷直升机从一个悬停点飞到下一个悬停点称为悬停点间的过渡。一般现代直升机装有先进的自动导航系统，可以实现自动过渡飞行和悬停。过渡时航行路线要视风向情况而变化，逆风时过渡时间最短，顺风时过渡时间最长。因此,建立图 3 – 2 所示的不同风向过渡的飞行参数计算坐标系,计算在不同风向影响下的悬停点间过渡时应飞航线、应飞距离、应飞时间。其中,d_j 为悬停点间距,α 为侧风时过渡线与风向的夹角。

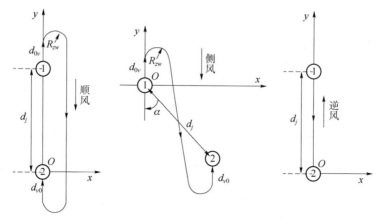

图 3 – 2　不同风向过渡的飞行参数计算坐标系

顺风过渡时转弯后应飞航向为顺风向,其他飞行参数的计算式为

$$D_{jg} = d_{0v} + d_{v0} + 2\pi R_{zw} + d_j \qquad (3-1)$$

$$t_{gd} = t_{0v} + t_{v0} + \frac{2\pi R_{zw} + d_j}{v_{xh}} \qquad (3-2)$$

侧风过渡时飞行参数的计算式为

$$H = \pm \left(180° - \arctan\left(\frac{d_j \sin\alpha - 4R_{zw}}{d_j \cos\alpha + d_{0v} + d_{v0}} \right) \right) \qquad (3-3)$$

$$D_{jg} = d_{0v} + d_{v0} + 2\pi R_{zw} + \sqrt{(d_j \sin\alpha - 4R_{zw})^2 + (d_j \cos\alpha + d_{0v} + d_{v0})^2}$$
$$(3-4)$$

$$t_{gd} = t_{0v} + t_{v0} + \frac{2\pi R_{zw} + \sqrt{(d_j \sin\alpha - 4R_{zw})^2 + (d_j \cos\alpha + d_{0v} + d_{v0})^2}}{v_{xh}} \quad (3-5)$$

逆风过渡时转弯后应飞航向为逆风向,其他飞行参数的计算式为

$$D_{jg} = d_j \qquad (3-6)$$

$$t_{gd} = \frac{d_j}{v_{xh} - v_{fs}} \qquad (3-7)$$

式中,D_{jg} 为直升机悬停点间过渡时飞行距离;t_{gd} 为从一个悬停点飞到下一个悬停点的过渡时间;t_{0v} 为直升机速度从零至巡航速度所需时间;t_{v0} 为直升机速度从巡航速度至零速度所需时间;d_{0v} 为直升机在速度由零至巡航速度段所飞行的航程;d_{v0} 为直升机由巡航速度至零速度所飞行的航程;v_{xh} 为直升机巡航速度;v_{fs} 为直升机悬停点间逆风过渡时风速;R_{zw} 为直升机转弯半径;H 为直升

机悬停点间侧风过渡时转弯后应飞航向，下一个悬停点在右侧为正，左侧为负。

一种典型情况下的扫雷直升机悬停点间过渡过程如下。

扫雷直升机取与过渡航线成 45°夹角通过预定悬停点后，以航速 90 kn 直线飞行 1 min，然后以 15°~20°的坡度转弯，使直升机以迎风方向对正过渡门，飞行高度 50 m，过渡门位于悬停点的下风方向 2 000 m 处。直升机通过过渡门后，正、副驾驶员要特别注意保持直升机在过渡航线上速度与距离悬停点的对应关系，如表 3-1 所示。

表 3-1　直升机进入悬停点前速度与距离的关系

距离/m	800	700	600	500	400	300	200
速度/kn	80	70	60	50	40	30	20

直升机在悬停点悬停时，要保持飞行状态稳定。在整个悬停过程中，空中机械师应密切观察自动驾驶仪的工作状态，及时向驾驶员报告直升机工作情况。当直升机悬停状态确实稳定后，驾驶员发出"布放扫雷具"口令，扫雷具操作员按照扫雷具布放程序和扫雷战术要求完成扫雷具的布放。

3.2　直升机扫雷装备拖曳航迹的控制

直升机在扫雷作战机动过程中，要根据风、流等因素的影响，对扫雷直升机和拖曳式扫雷装备进行航迹修正，确保其准确地按计划航线航行，以保证扫雷作战的准确、可靠和安全。

3.2.1　风对直升机航向误差的影响

在扫雷作业中，直升机飞行控制系统要确保在整个扫雷作业期间，直升机航向相对大地坐标保持不变。而当直升机处于悬停状态时，风对阵位保持的影响，远比对飞行状态直升机的影响大得多。过大的风力对直升机保持阵位会产生不利影响。

在扫雷作业时，直升机要保持阵位，就必须采取与风向相平衡的航向姿态，而且还应当根据风向的变化，适当调整航向状态，以利于长时间保持阵位。

如图 3 – 3 所示，要求飞机自 A 往 B 沿航线 AB 飞行。在自动导航中，若飞机未偏离航线（偏航距 XTK = 0，航迹偏差角 TKE = 0），则导航计算机输出的侧向操纵信号为零，驾驶仪不调节飞机的舵偏角，以保持飞机原有平衡状态，继续平稳飞行。若因有侧风干扰，飞机偏离 AB 航线，到达 C 点，则导航系统或导航计算机将根据此时的偏航距 XTK、航迹偏差角 TKE 和飞行速度，输出侧向偏移信号，经耦合器后送入自动驾驶仪，修正航线偏离[39]。

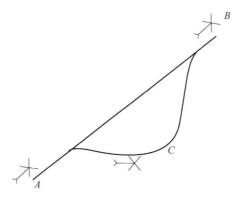

图 3 – 3　航线保持

3.2.2　流对拖曳式扫雷装备的影响

在扫雷作战过程中，扫雷具能否准确地按计划航线航行，对扫雷作战效果至关重要。在扫雷作战过程中，受海流流速、流向等因素的影响，拖曳式扫雷装备的水下拖体会偏离计划航线，进而会在扫雷作业区内形成随流速、流向变化的漏扫区域，使得计划搜扫雷区与实际搜扫的结果产生较大的偏差，进而影响扫雷作战效果。在海流较大的海区，扫雷作业甚至无法进行。

目前，各类文献中的现有拖曳式扫雷具还未发现采用智能控制功能。大部分拖曳式扫雷具也只能通过智能控制保持在水中纵倾、横滚方向的稳定性，而无法对偏移计划航线的偏移量进行智能控制。因此，研究采用新的扫雷方法，减少拖曳体偏移计划航线的偏移量，对扫雷作战的影响具有重大的研究价值[17]。

3.2.3　直升机飞行航迹的控制

在直升机拖曳扫雷过程中，扫雷航迹与计划扫雷航线重合，是最理想化的战术状态。在实际情况下，扫雷直升机是在有风条件下飞行的，在空中，飞机一方面相对空气质点运动，另一方面还随风飘移。因此，飞机实际的水平运动向量 w，是空速向量 v 与风速向量 u 这两种运动向量的合成，称为地速向量，如图 3 – 4 所示。

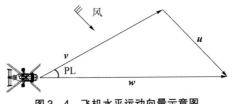

图 3 - 4　飞机水平运动向量示意图

通常把空速向量 v 的方向称为飞机航向 CX，把地速向量 w 的方向称为飞机航迹 HJ，飞机航向 CX 与飞机航迹 HJ 之间的差角称为偏流角 PL。在直升机按扫雷计划航线拖曳扫雷过程中，扫雷战术协调员应密切关注飞机航迹线偏离扫雷计划航线的情况。由于获取空中风向、风速的变化信息都有一定的时间滞后性，最常见的飞机航迹偏离计划航线实例如图 3 - 5 所示。

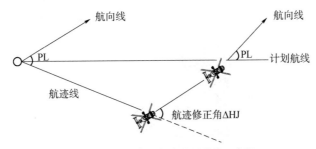

图 3 - 5　飞机航迹偏离计划航线示意图

当扫雷战术协调员指挥直升机进入扫雷计划航线，并按预计航向稳定飞行一段时间后，机载定位设备实时显示直升机的航迹偏离情况。当航迹偏离还在允许范围内时，应果断向计划航线方向修正航迹。修正的方法采取按图 3 - 5 中航迹修正角 ΔHJ 改变航向，使直升机回到计划航线上。然后，直升机在修正偏流角 PL 的航向上沿计划航线飞行。如此往复，就能保持扫雷航迹与计划航线基本一致。

3.2.4　扫雷装备拖曳航迹的控制

针对流的不稳定性对拖曳式扫雷装备的影响，可采用文献 [17] 的航迹控制法，通过修正直升机的航向对拖曳体进行控制。以直线循迹控制方法为例，运用短基线水声定位原理推算拖曳体的偏移量，以偏移量的均方差作为允许的误差范围判断量，通过分析修正角与修正时间的关系，得到一次修正过程中的修正角和修正时间。在复杂多变的流况下，通过不断修正拖曳体航向，该方法能使拖曳体稳定在计划航线附近，有效地提高了扫雷的作战效率。

1. 循迹控制方法介绍[17]

循迹控制方法是针对拖曳式扫雷装备作战使用的一种新型扫雷航向控制方法，通过不断调整直升机的航向对水下拖曳体进行控制，使拖曳体保持在计划航线上，达到提高扫雷效率的目的，如图 3-6 所示。

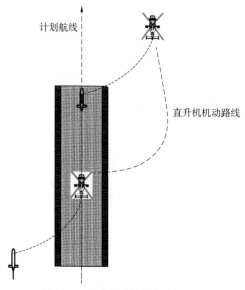

图 3-6　拖曳循迹控制方法示意图

在扫雷作战中使用循迹控制方法，要预先确定拖曳体所允许的偏移误差范围。如图 3-7 所示，当拖曳体因流的变化逐渐偏移计划航线，超过所允许的范围，即达到图中的 C 点，直升机到达 J 点时，直升机开始实施某种机动对拖曳体航迹进行调整，将其调整到 C_1 点，拖曳体在经过 C_1 点到 C_2 点的振荡调整后，最终稳定在计划航线附近。

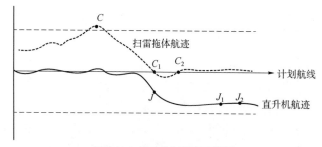

图 3-7　循迹控制过程示意图

2. 直线循迹控制方法

如图 3 – 8 所示，所谓直线循迹控制，就是直升机修正某一角度后保持一定的航向不变，沿直线将拖曳体修正到计划航线上的一种方法。

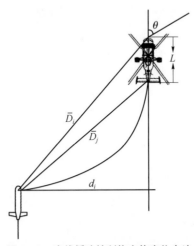

图 3 – 8　直线循迹控制拖曳体定位方法

在实际的扫雷作战机动过程中，利用短基线水声定位原理，通过在拖曳体、拖曳直升机首尾分别安装水声定位装置，不断观测拖曳体与拖曳直升机的相对位置 D_i、D_j，计算拖曳体实际位置。为减少因流的作用以及拖曳体本身的惯性，可能会使拖曳体产生左右摇摆，因此以相邻 3 次观测量的平均值 $\bar{D}_i$、$\bar{D}_j$ 作为实际观测值。记拖曳体沿计划航线垂直方向的偏移量为 d_i，设直升机长度为 L，则

$$d_i^2 = \bar{D}_i^2 - \left(\frac{\bar{D}_i^2 + \bar{D}_j^2 - L^2}{2\,\bar{D}_i\bar{D}_j} \right)^2 \bar{D}_i^2 \qquad (3-8)$$

设 d_i 的均方差 $\Delta\delta_d$ 为允许的误差范围判断量。当 $\Delta\delta_d$ 超过某一限定值时，直升机航向修正某一角度 θ。根据拖曳体的偏移量，计算出直升机沿修正航向的行驶距离 l，到达预定距离后，直升机反方向修正同一角度，经过稳定调整，将拖曳体稳定在计划航线附近。

直线循迹控制的优点在于，直升机只需在控制过程的开始、结束各调整一次航向，并且两次航向的调整具有对称性。将拖曳体调整到计划航线上后，直升机按照新的、与原计划航线平行的航线行进。整个过程操作简单，并且可以根据实际情况对直升机的修正角度进行调整，具有较大的灵活性。

|3.3 直升机扫雷航路间的过渡模型|

在扫雷作战过程中，通常有多条航路，每条航路上要进行多次搜扫，故转向是直升机扫雷作战中的一项基本工作。扫雷作战中转向的基本原则是：保证直升机和扫雷设备的安全，尽快完成转向。转向结束时，扫雷具应及时对准下一计划航线。使用拖曳式扫雷具时，要考虑转向后是否有足够的预留距离，用于修正航向和测定风流压角[30]。

直升机扫雷系统主要由直升机、拖缆以及扫雷装备（拖体）组成。在扫雷作战中，准确预报拖体运动轨迹能够为扫雷直升机航路优化和扫雷效能的提高提供决策依据。一般情况下，要准确预报拖体运动轨迹，应采用流体动力学的方法，创建拖体运动模型进行计算。但由于水下拖曳系统运动的动力特性非常复杂，作用在拖缆上的流体动力随时间不断变化，且拖体运动轨迹与航速、转弯半径、拖体深度、拖体重量等有关。在作战应用中，可以参考拖曳系统流体动力学的结论，做出一定假设进行计算，以满足战术需求。根据流体动力学对水下拖体在回转操纵中的运动仿真模拟的结论：拖曳平台航速越低，拖体转弯半径越小[22-23]。由于直升机扫雷作战时航速较低，变化也在低速范围内，可假设拖体轨迹近似于直升机转向轨迹。即直升机拖曳扫雷具航行时，直航情况下拖体相对直升机保持固定的位置；当直升机以某一速度和坡度转向时，拖体最终会沿直升机转向轨迹与直升机保持一个相对固定的位置。

直升机扫雷作战航路过渡过程建模，包括直升机转弯过渡过程建模和直升机拖曳扫雷具转向过程拖体运动建模。

3.3.1 直升机转弯过渡过程建模

1. 直升机拖曳扫雷具转向方式

直升机拖曳扫雷装备从一条航路"过渡"到下一航路时，有以下几种过渡方式。

（1）单机转入本线路。

直升机拖曳扫雷具出雷区后，继续航行至预定开始点，按适当坡度向左或向右转向90°，再反向转270°，如图3-9所示。

（2）单机转入相邻线路。

直升机拖曳扫雷具出雷区后，向外转向，并调整航向 α 角，航行至转向开始点，按适当坡度转向，直至对正下一线路，如图 3 - 10 所示。航向调整角度 α 的大小可在制订扫雷方案时结合具体情况给出。

（3）单机转入垂直线路。

直升机拖曳扫雷具出雷区后，按适当坡度转向 90°，或继续航行至预定开始点，按适当坡度转向 270°，如图 3 - 11 所示。

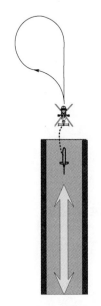

图 3 - 9　单机转入本线路

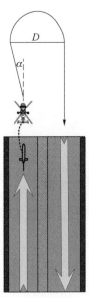

图 3 - 10　单机转入相邻线路

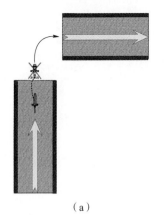

（a）

（b）

图 3 - 11　单机转入垂直线路

（a）90°转向进入；（b）270°转向进入

2. 直升机转弯模型

结合以上对直升机拖曳扫雷具转向方式的分析，直升机扫雷作战航路过渡方式主要采用盘旋和转弯。直升机在水平平面内转 360°的曲线运动称为盘旋，不到 360°的盘旋称为转弯，坡度小于 45°的盘旋认为是小坡度盘旋，而大于 45°的盘旋则称为大坡度盘旋。直升机的盘旋有稳定盘旋（速度和坡度不变）和带及不带侧滑的不稳定盘旋。这时，通常把等速等坡度而且没有侧滑的盘旋称为稳定的正确盘旋。考虑直升机扫雷过渡过程的稳定性，宜采用正确盘旋方式进行航路过渡。

正确盘旋的航迹是半径为 r 的圆周，其机动运动各参数可由机动性方程[39]来确定，参见式（2-2）~式（2-9）。

正确盘旋的所有性能，完全取决于飞行器曲线运动的速度和法向过载。合理控制直升机速度和法向过载对实现机动飞行是必要的。在实际扫雷作战机动过程中，在扫雷宽度较窄的情况下，为了减小盘旋时间和半径，可以降低盘旋速度和增大法向过载。

3.3.2 直升机拖曳扫雷具转向过程拖体运动建模

为了研究问题的方便，建立图 3-12 所示坐标系，将拖体视为质点，位置在重心上。

直升机拖曳扫雷具盘旋时，拖体运动轨迹包括 3 个阶段。

第一阶段：直升机拖曳扫雷具由直航航线进入盘旋航向线的阶段。直升机初始点为 Z_c，经时间 t_{cw}，拖体进入定常回转阶段，见图 3-12（a）中 T_c 时刻→T_w 时刻阶段。

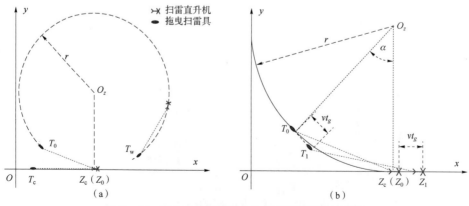

图 3-12　直升机拖曳扫雷具转向过程拖体运动模型

第二阶段：直升机拖曳扫雷具连续转向阶段。根据拖体运动实际经验，扫雷具最终将保持在直升机的航迹线上。根据此经验及上述分析可知，此时定常回转半径即为直升机盘旋半径 r，拖体运动轨迹即为直升机盘旋轨迹，见图 3-12（a）中 T_w 时刻 $\rightarrow T_0$ 时刻阶段。

第三阶段：直升机完成 360° 转弯，回到初始转弯点 Z_0（即 Z_c）后，沿直线飞行到达 Z_n，此时扫雷具到达 T_n（$n=1,2,3,\cdots$）点，刚好进入直升机所在航向，且刚好进入下一扫雷航路起始线，见图 3-12（b）中 T_0 时刻 $\rightarrow T_n$ 时刻阶段。

为计算扫雷效率，针对直升机扫雷作战航路过渡，以下两个参数最为重要。

① 直升机为完成 360° 转弯，从开始盘旋到拖体刚好进入直升机所在航向，所用时间 t_p。

② 直升机 360° 转弯后进入直线航向开始点（Z_0）与拖曳扫雷具刚好进入下一扫雷航路起始线时直升机位置（Z_n）之间的距离 L_z。

基于以上分析，直升机拖曳扫雷具盘旋时，第一阶段和第二阶段拖体转向运动过程转向时间和位置可根据直升机转向时间计算出，且易于计算；而第三阶段拖体的运动过程则显得复杂，且会直接影响 t_p 和 L_z，进而影响扫雷效率。因此，以下重点对第三阶段建模。

（1）$T_0 \rightarrow T_1$ 阶段。

令直升机转向开始点（也是结束点）的坐标为 $Z_0(r,0)$，即直升机转向航线与纵横坐标轴都相切。

直升机由 Z_0 点沿 x 轴以速度 v 进入稳定直航阶段至 Z_1，所用时间为 t_g。在 t_g 时间内拖缆处于无拉力阶段，但在惯性作用下，拖体在 Z_0 点沿直升机盘旋轨迹切线方向以速度 v 沿直线运动一段距离 vt_g，而直升机则沿 x 轴直线运动一段距离 vt_g。此时拖缆拉直，直升机与拖体保持相对距离 l 不变。在图 3-12 所示的直角坐标系中，结合直升机运动学方程不难得到各点坐标为 $T_0(r-r\sin\alpha,\ r-r\cos\alpha)$、$T_1(r-r\sin\alpha+vt_g\cos\alpha,\ r-r\cos\alpha-vt_g\sin\alpha)$、$Z_1(r+vt_g,0)$，其中，$\alpha=\arccos[(2r^2-l^2)/2r^2]$，为初始时刻拖缆长度 l 所对应的圆心角。由直升机与拖体保持相对距离 l 固定，可得

$$L_{T_1 Z_1}=\sqrt{\left[(r-r\sin\alpha+vt_g\cos\alpha)-(r+vt_g)\right]^2+(r-r\cos\alpha-vt_g\sin\alpha)^2}=l \quad (3-9)$$

由此可解得 $T_0 \rightarrow T_1$ 阶段的过渡时间 t_g。

（2）$T_1 \rightarrow T_n$ 阶段。

拖体在水中的运动位置主要取决于拖曳力和各种阻力，当这些力平衡时拖体处于匀速直线运动状态。不平衡时，拖体将向能达到平衡的新位置做相对运动。从相

对位置看，当直升机由 T_1 进入直线航线时，在拖缆拖曳力的作用下，拖体将从当前位置 Z_1 向与拖曳力作用下对应的预期位置运动，显然这种运动是非匀速的，且与距离有关，距离远则速度快，距离近则速度慢，根据经验其模型可近似为[22]

$$v_T = KL_i \qquad (3-10)$$

式中，v_T 为拖体由当前位置向预期位置的运动速度，方向与拖缆瞬时方向同；L_i 为拖体的当前位置与预期位置之间的距离；K 为系数，可根据经验求出。

根据以上分析，T_2 即为 T_1 的下一预期位置，则 $T_1(x_1, y_1)$，$T_2(x_1 + \mathrm{d}x, y_1 - \mathrm{d}y)$，$\mathrm{d}x$ 和 $\mathrm{d}y$ 为 T_2 相对 T_1 的位移差值。同时，$Z_1(X_1, 0)$、$Z_2(X_1 + v\Delta t, 0)$，在仿真中 Δt 一般取 0.01 s。由直升机与拖体保持相对距离 l 不变及速度矢量分析可得出以下方程组，即

$$\begin{cases} (X_1 + v\Delta t - (x_1 + \mathrm{d}x))^2 + (y_1 - \mathrm{d}y)^2 = l^2 \\ \cos\theta = \dfrac{X_1 + v\Delta t - (x_1 + \mathrm{d}x)}{l} = \dfrac{v}{v_T} = \dfrac{v}{KL_i} = \dfrac{v}{K\sqrt{(\mathrm{d}x)^2 + (\mathrm{d}y)^2}} \end{cases} \qquad (3-11)$$

式中，$x_1 = r - r\sin\alpha + vt_g\cos\alpha$；$y_1 = r - r\cos\alpha - vt_g\sin\alpha$；$X_1 = r + vt_g$；$\theta$ 为拖缆与 x 轴的夹角。

由方程组（3-11）可解得拖体 Z_2 相对 Z_1 的位移差 $\mathrm{d}x$ 和 $\mathrm{d}y$，由此可得 Z_1 的下一预期位置 Z_2 的位置坐标，也即拖体在 Δt 时刻的瞬时位置坐标。

同理，可得拖体在任何时刻的瞬时位置坐标值 $T_i(x_i, y_i)$，由此通过计算机仿真即可得到直升机拖曳扫雷具转向过程中拖体运动轨迹。

3.3.3 仿真试验结果与分析

在扫雷作战实施过程中，已发现的水雷为雷线样式。为在较短时间内清除较多水雷，迅速降低水雷威胁，采用直升机扩方扫除水雷。反水雷直升机拖曳扫雷装备从一条航路"过渡"到下一航路时，转向方式为单机转入垂直线路，如图 3-11 所示。直升机拖曳扫雷具航速为 20 kn，转向坡度为 5°，拖缆长 100 m，K 取 20。

采用上面所建模型对直升机拖曳扫雷具运动轨迹进行仿真，仿真时间步长 Δt 取 0.01 s。采用 $T_0 \to T_1$ 阶段模型可解得 $t_g = 2.855\ 2$ s，拖体 $T_0 \to T_1$ 阶段轨迹点坐标见表 3-2，轨迹图见图 3-13，$T_1 \to T_n$ 阶段轨迹图见图 3-14。此外，为便于对比分析，对以下两种直升机飞行状态下拖体运动轨迹进行仿真，其 $T_1 \to T_n$ 阶段轨迹点坐标见表 3-2，轨迹图见图 3-14。直升机飞行状态 2：航速 30 kn，坡度为 11°，拖缆长 100 m，K 取 20；计算可得 $t_g = 1.902\ 7$ s。直升机飞行状态 3：航速 40 kn，坡度为 18°，拖缆长 100 m，K 取 18；计算可得 $t_g = 1.426\ 8$ s。

表 3－2　拖体 $T_0 \rightarrow T_n$ 阶段轨迹点坐标

时间点	直升机飞行状态 1 航速 20 kn，转向坡度为 5°， 拖缆长 100 m，K 取 20	直升机飞行状态 2 航速 30 kn，转向坡度为 11°， 拖缆长 100 m，K 取 20	直升机飞行状态 3 航速 40 kn，转向坡度为 18°， 拖缆长 100 m，K 取 18
T_0	(33.871 3, 38.389 0)	(35.180 8, 37.959 9)	(35.557 7, 37.838 6)
T_1	(54.080 7, 17.103 8)	(55.597 8, 16.889 8)	(56.032 2, 16.830 0)
T_2	(54.094 4, 16.582 8)	(55.621 4, 16.109 0)	(56.047 3, 15.673 6)
T_3	(54.111 1, 16.062 4)	(55.651 5, 15.329 4)	(56.076 6, 14.519 6)
T_4	(54.130 7, 15.542 5)	(55.688 1, 14.551 0)	(56.120 1, 13.367 9)
T_5	(54.153 2, 15.023 1)	(55.731 1, 13.773 8)	(56.177 4, 12.218 5)
T_6	(54.178 5, 14.504 3)	(55.780 5, 12.997 8)	(56.248 5, 11.071 5)
T_7	(54.206 7, 13.986 0)	(55.836 2, 12.223 0)	(56.333 3, 9.926 8)
T_8	(54.237 8, 13.468 2)	(55.898 2, 11.449 4)	(56.431 5, 8.784 4)
T_9	(54.271 7, 12.951 0)	(55.966 4, 10.677 0)	(56.543 2, 7.644 3)
T_{10}	(54.308 3, 12.434 3)	(56.040 8, 9.905 8)	(56.668 0, 6.506 5)
T_{11}	(54.347 8, 11.918 2)	(56.121 3, 9.135 8)	(56.806 1, 5.371 0)
T_{12}	(54.390 1, 11.402 6)	(56.208 0, 8.367 0)	(56.957 2, 4.237 8)
T_{13}	(54.435 2, 10.887 5)	(56.300 7, 7.599 4)	(57.121 2, 3.106 9)
T_{14}	(54.482 9, 10.373 0)	(56.399 5, 6.833 0)	(57.298 1, 1.978 3)
T_{15}	(54.533 4, 9.859 0)	(56.504 2, 6.067 8)	(57.487 8, 0.852 0)
T_{16}	(54.586 7, 9.345 5)	(56.614 9, 5.303 7)	(57.690 1, 0)
T_{17}	(54.642 7, 8.832 6)	(56.731 5, 4.540 8)	—
T_{18}	(54.701 4, 8.320 2)	(56.854 0, 3.779 1)	—
T_{19}	(54.762 8, 7.808 3)	(56.982 3, 3.018 5)	—
T_{20}	(54.826 8, 7.297 0)	(57.116 5, 2.259 1)	—
T_{21}	(54.893 6, 6.786 2)	(57.256 4, 1.500 9)	—
T_{22}	(54.963 0, 6.275 9)	(57.402 1, 0.743 8)	—
T_{23}	(55.035 0, 5.766 2)	(57.553 6, 0)	—
T_{24}	(55.109 7, 5.257 0)	—	—
T_{25}	(55.187 1, 4.748 3)	—	—
T_{26}	(55.267 0, 4.240 1)	—	—
T_{27}	(55.349 5, 3.732 5)	—	—
T_{28}	(55.434 7, 3.225 4)	—	—

时间点	直升机飞行状态 1 航速 20 kn，转向坡度为 5°，拖缆长 100 m，K 取 20	直升机飞行状态 2 航速 30 kn，转向坡度为 11°，拖缆长 100 m，K 取 20	直升机飞行状态 3 航速 40 kn，转向坡度为 18°，拖缆长 100 m，K 取 18
T_{29}	(55.522 4，2.718 8)	—	—
T_{30}	(55.612 7，2.212 7)	—	—
T_{31}	(55.705 6，1.707 1)	—	—
T_{32}	(55.801 1，1.202 1)	—	—
T_{33}	(55.899 1，0.697 6)	—	—
T_{34}	(55.999 6，0.193 6)	—	—
T_{35}	(56.102 7，0)	—	—

由仿真结果可以得出以下结论：在扫雷宽度一定的情况下，为保证扫雷效率，使直升机迅速、准确地过渡到下一航路，可以通过改变坡度和调节直升机飞行速度来改变直升机盘旋半径。此外，通过对比分析可知，随着直升机飞行速度的提高，拖体迅速向直线航路靠近，这一结果与预想的情况接近，真实地反映出拖体在直升机转向过程中的运动情况。通过对拖体转向时间的正确计算，能够为后续直升机扫雷作战航路优化提供决策依据。

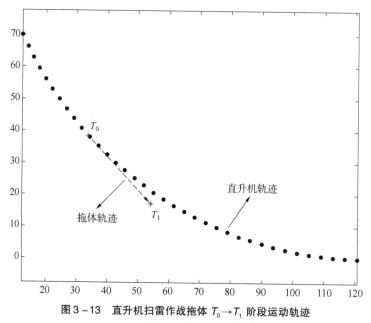

图 3-13　直升机扫雷作战拖体 $T_0 \rightarrow T_1$ 阶段运动轨迹

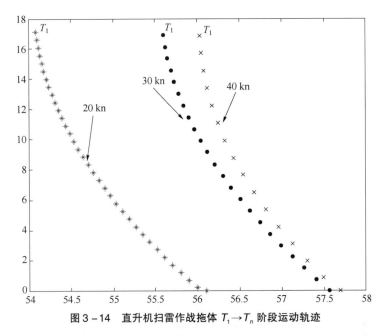

图 3 – 14　直升机扫雷作战拖体 $T_1 \rightarrow T_n$ 阶段运动轨迹

　　本节针对扫雷航路过渡问题，脱离流体力学的角度，建立了直升机拖曳扫雷具转向过程拖体运动模型。此模型是拖体运动的平面坐标表述，是对拖曳拖体平面运动规律的研究，简化了模型，提高了运算速度。在海上扫雷作战时，由于风流的影响，直升机的航迹不可避免会出现误差，故在实际作战中，应参考以上结论，在按预定方案完成各步规定动作过程中，注意审时度势，灵活调整直升机坡度和速度，减小飞行误差，确保直升机和拖体的安全，准确完成转向过程。

3.4　本章小结

　　本章主要针对直升机扫雷作战机动过程进行建模和仿真分析。首先，研究了直升机扫雷具布放时机和布放方法，为扫雷具的准确布放提供了理论依据；其次，通过分析风对直升机航向误差的影响，以及流对拖曳式扫雷装备工作状态的影响，对直升机飞行航迹和扫雷装备拖曳航迹的控制方法进行了研究；最后，参考拖曳系统流体动力学的结论，对直升机转弯过渡过程和拖曳扫雷具转向运动过程建模，并通过仿真实例验证了模型的有效性和科学性。通过对拖体转向时间的正确计算，能够为后续直升机扫雷作战航路优化提供参考。

第 4 章

磁扫方式下直升机扫雷航路动态优化模型

　　水雷的磁引信是利用舰船磁场工作的。由于舰船磁场的区域性好且大，故磁引信最早被用于非触发水雷，至今仍被广泛采用。磁扫雷具能产生类似舰船的仿真磁场，可扫除（诱爆）装有磁引信的非触发水雷。与声扫雷具联合使用时，还可扫除声、磁联合引信水雷。

　　针对磁引信水雷的性能特点，本章对磁扫方式下直升机扫雷航路动态优化开展建模。首先在4.1节对扫雷作业区优化选择涉及的影响因素进行分析，确定了合理划分作业区的方法。4.2节阐述了扫雷航路优化研究中应用的海底网格生成方法。4.3节对直升机扫雷航路动态优化原理进行了研究。4.4节针对水深变化的任务区，结合海流情况，进行磁扫雷具扫雷宽度的计算，对磁扫方式下直升机扫雷航路动态优化建模。最后，在4.5节的仿真与分析中，验证了扫雷航路动态优化方法的合理性与正确性。

|4.1　扫雷作业区的优化选择|

4.1.1　雷区水雷动态分类

1. 聚类分析[34]

　　聚类分析就是在没有经验的条件下，根据样品之间的相似程度，自动地对样品进行分类的方法。在聚类分析方法中，最关键的是确定样品特征。样品特征的数量不同，具体实现方法也有所不同。聚类分析的结果，即所得到的类，可以有 4 种结构关系，它们是分离结构、覆盖结构、层次结构和双极结构。聚类分析所包含的内容很多，这里只根据雷区内水雷分类的具体要求进行说明。

聚类算法（Clustering Algorithm）或称聚类分析（Clustering Analysis）是一类无监督的机器学习方法，它能够将数据对象分组为多个类或簇，使得在同一个簇中的对象之间具有较高的相似度（内部聚合），而不同簇中的对象差别较大（外部分离）。

定义 4 - 1　簇（Cluster）是一组物理或抽象对象的集合，也就是聚类结果中的分组，每个分组称为一个簇。

定义 4 - 2　根据对象之间的相似性，将对象集 $A = \{A_1, A_2, \cdots, A_i, \cdots, A_m\}$ 划分为 $\{C_1, C_2, \cdots, C_k\}$，其中 $k \leqslant m$，划分满足

$$\begin{cases} C_i \neq \phi, C_i \subseteq A\,(i = 1, 2, \cdots, k) \\ \cup_{i=1}^{k} C_i = A \\ C_i, C_j = \phi\,(i, j = 1, 2, \cdots, k) \end{cases} \tag{4-1}$$

聚类算法的基本步骤如下。

①数据准备：包括特征标准化和降维。

②特征选择：从最初的特征中选择最有效的特征，并将其存储于向量中。

③特征提取：通过对所选择的特征进行转换，形成新的突出特征。

④聚类：首先选择适合特征类型的相似（相异）度函数，或构造新的相似（相异）度函数进行邻近程度的度量，然后执行聚类分析。

⑤聚类结果评估：是指对聚类结果好坏的评价。评估主要有 3 种，即外部有效性评估、内部有效性评估和相关性测试评估。

由于聚类算法具有直观和比较快速的优点，并且在不需要训练数据和领域知识的前提下，能从数据中得到额外的信息。战场态势分析面临的问题主要有以下两点：一是有没有大量完整的数据用于一般机器学习算法的学习过程；二是数据的迅速更新会使很多具有较高时间复杂度的机器学习算法难以应用。而聚类算法刚好能够弥补这两个缺点。所以，将聚类算法用于水雷动态分类，将军事实体看成由各个属性值所组成的向量，再应用聚类算法发现隐藏于数据中的模式，聚类结果可直观地返回给指挥员，或者结合其他的机器学习算法，能够为态势理解提供新的工具和思路。因此，本书选用聚类分析方法对水雷进行动态分类。

聚类算法有很多种，主要有划分聚类算法、层次聚类算法、基于密度的聚类算法、基于网格的聚类算法、基于模型的聚类算法五大类。经分析，每类算

法都有其适用的条件和场合，在选择具体的聚类算法时，应考虑以下 3 个因素。

①根据不同的应用目的选用相应的聚类方法。例如，在进行栅格数据分析或图像识别时，经常希望找到自然聚类结果（能被人眼识别的稠密区域），这些聚类可能是任意形状或任意大小的。在这种情况下，一般选择基于密度的聚类算法才能满足既定的要求。

②应保持聚类质量和聚类速度之间的平衡关系。对于一个特定的聚类任务而言，理想的聚类算法应既能保证良好的质量，又能达到较快的聚类速度。

③要充分考虑数据本身的特征，包括数据的类型、维数、有无噪声数据等。

根据上述应考虑的因素，结合研究需要，本书选择基于密度的聚类分析方法。

2. 水雷聚类分析指标的选取

鉴于对扫雷宽度的动态调整，是直升机扫雷航路动态优化的一项主要内容，水雷聚类分析指标的选取，主要考虑与扫雷宽度密切相关的 3 个因素，即水雷灵敏度、水雷动作延时和水雷所处深度。

水雷灵敏度是引起水雷可靠动作的有效信号的阈值。水雷动作延时是指进入有效磁场区的水雷，按其引信工作制开始动作至被引爆的延时时间；这段延时取决于磁场变化规律和引信工作制，并与多种随机因素有关，在一定范围内变化。此外，处于不同深度的水雷，水深对扫雷宽度的影响比较明显，这在后面的章节会有详细论述。

3. 模糊聚类分析过程[41-42]

模糊聚类分析的基本步骤如下。

1）数据标准化

获取数据：设论域 $X = \{x_1, x_2, \cdots, x_n\}$ 为被分类的对象，每个对象又由 m 个指标表示其状态，x_i 的观测值为

$$e_i = (x_{i1}, x_{i2}, \cdots, x_{im}) \quad i = 1, 2, \cdots, n \qquad (4-2)$$

于是可以得到原始数据矩阵为

$$A = (x_{ij})_{n \times m}$$

2）数据的标准化处理

在实际问题中，不同的数据可能有不同的性质和不同的量纲。为了使原始数据能够适合模糊聚类的要求，需要将原始数据矩阵做标准化处理，即通过适

当的数据变换，将其转化为模糊矩阵。常用的方法有以下两种。

（1）平移——标准差变换。

$$x_{ij}' = \frac{x_{ij} - \bar{x}_j}{s_j} \quad i = 1,2,\cdots,n \qquad (4-3)$$

其中

$$\bar{x}_j = \frac{1}{n}\sum_{i=1}^{n} x_{ij}, s_j = \left[\frac{1}{n-1}\sum_{i=1}^{n}(x_{ij} - \bar{x}_j)^2\right]^{\frac{1}{2}} \quad j = 1,2,\cdots,m$$

（2）平移——极差变换。

如果经过平移——标准差变换后，还有某些 $x_{ij}' \notin [0,1]$，则还需对其进行平移——极差变换，即

$$x_{ij}'' = \frac{x_{ij}' - \min_{1 \le i \le n}\{x_{ij}'\}}{\max_{1 \le i \le n}\{x_{ij}'\} - \min_{1 \le i \le n}\{x_{ij}'\}} \quad j = 1,2,\cdots,n \qquad (4-4)$$

显然，所有的 $x_{ij}'' \in [0,1]$，且也不存在量纲影响的因素，从而可以得到模糊矩阵为

$$\boldsymbol{R} = (x_{ij}'')_{n \times m}$$

3）建立模糊相似矩阵

设论域 $X = \{x_1, x_2, \cdots, x_n\}$，$x_i$ 的观测值 $e_i = (x_{i1}, x_{i2}, \cdots, x_{im})$（$i = 1,2,\cdots,n$），即数据矩阵 $\boldsymbol{A} = (x_{ij})_{n \times m}$。如果 x_i 与 x_j 的相似程度为 $r_{ij} = R(e_i, e_j)$，则称之为相似系数。确定相似系数采用以下方法。

由上面的分矩阵情况用夹角余弦法进行标定，有

$$r_{ij} = \frac{\left|\sum_{k=1}^{m} x_{ik} \cdot x_{jk}\right|}{\sqrt{\sum_{k=1}^{m} x_{ik}^2 \cdot \sum_{k=1}^{m} x_{jk}^2}} \quad i,j = 1,2,\cdots,n \qquad (4-5)$$

由此可得到模糊相似矩阵为

$$\boldsymbol{R} = (r_{ij})_{n \times n}$$

4）聚类

利用编网法对给定阈值 λ 进行聚类。

利用编网法进行聚类，就是在得到模糊相似矩阵后，选定阈值 λ，写出 λ 截矩 R_λ，依 R_λ 画编图。画法为：在 R_λ 对角线上填上元素序号，在对角线右上方以符号 * 代替 1，以空格代替 0。称 * 为节点，由每个节点 * 向对角线引经线和纬线。编网就是用每个节点将所经过的经纬线捆绑起来，通过打结能互相连接的点属于一类，实现了分类[43]。

4. 实例分析

在一次扫雷作战中，已知 8 枚磁引信水雷的指标信息如表 4 – 1 所示。

表 4 – 1　水雷信息

序号	灵敏度/（mOe · s⁻¹）	延迟时间/s	所在深度/m
水雷 1	0.65	27	40
水雷 2	1.45	24	55
水雷 3	0.91	33	36
水雷 4	1.80	25	25
水雷 5	1.48	25	60
水雷 6	0.89	32	34
水雷 7	0.59	27	15
水雷 8	0.58	38	18

注：mOe 为奥斯特单位符号。

由模糊聚类分析过程可得模糊相似矩阵 $\boldsymbol{R}$ 为

$$
\boldsymbol{R} = \begin{bmatrix}
1 & & & & & & & \\
0.748\,5 & 1 & & & & & & \\
0.881\,9 & 0.658\,1 & 1 & & & & & \\
0.264\,6 & 0.670\,3 & 0.538\,0 & 1 & & & & \\
0.784\,1 & 0.998\,1 & 0.676\,8 & 0.631\,3 & 1 & & & \\
0.863\,0 & 0.640\,6 & 0.999\,2 & 0.551\,2 & 0.658\,0 & 1 & & \\
0.192\,3 & 0.486\,3 & 0.225\,4 & 0.124\,3 & 0.493\,6 & 0.259\,7 & 1 & \\
0.490\,6 & 0.034\,1 & 0.769\,8 & 0.235\,2 & 0.053\,8 & 0.687\,1 & 0.659\,2 & 1
\end{bmatrix}
$$

由模糊相似矩阵利用编网法聚类，显然，当 $\lambda = 1$ 时，目标分类为：$\{S_1\}$，$\{S_2\}$，$\{S_3\}$，$\{S_4\}$，$\{S_5\}$，$\{S_6\}$，$\{S_7\}$，$\{S_8\}$。

当 $\lambda = 0.9$ 时，作编网图，从图 4 – 1 中可以看出，目标分类为：$\{S_2, S_5\}$，$\{S_3, S_6\}$，$\{S_1\}$，$\{S_4\}$，$\{S_7\}$，$\{S_8\}$。

作编网图，如图 4 – 1 所示。

同理，用编网法对 $\lambda = 0.8$、0.7 进行分类。

当 $\lambda = 0.8$ 时，目标分类为：$\{S_1, S_3, S_6\}$，

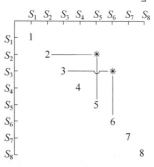

图 4 – 1　$R_{0.9}$ 的编网图

$\{S_2, S_5\}$，$\{S_4\}$，$\{S_7\}$，$\{S_8\}$。

当 $\lambda = 0.7$ 时，目标分类为：$\{S_1, S_2, S_3, S_5, S_6\}$，$\{S_4\}$，$\{S_7\}$，$\{S_8\}$。

由此，得到目标区域内目标的动态分类图：如图 4 - 2 所示。

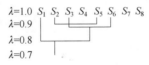

图 4 - 2　水雷动态分类图

由上述目标区域内的水雷动态分类结果可知，当 $\lambda = 0.8$ 时，由于水雷 4、水雷 7 和水雷 8 指标数据差别太大，未能归类。此时，若还未能满足使用要求，则可继续分类，采用 $\lambda = 0.7$ 时分类结果，直至满足要求。该实例表明，应用模糊聚类分析使本来模糊的问题得出了明显的结果，从而为雷区内水雷合理分类提供了依据。在实际的扫雷作战过程中，将某一类水雷划分到一个作业区内，更有益于清除水雷。

4.1.2　风向对障碍区选择的影响

基本雷区就是根据已知水雷信息或已发现水雷的位置初步确定的雷区。确定雷区的目的，是将水雷威胁区限制在尽可能小的范围内。理论上，基本雷区的形状可以有很多种，但在实际应用中，一般情况下，多将雷区确定为矩形。确定基本雷区的原则是：雷区既包含所有水雷又满足面积最小要求[30]。

按照这一原则，基本雷区是包含某一组中所有水雷且面积最小的外接矩形。为满足这一要求，就要针对已发现水雷计算许多个面积。一般而言，由于这里所确定的雷区仅仅是概略的，因此只要大致方向差不多就可以满足要求。例如，可以选取 0°、30°、60° 这 3 个方向的外接矩形进行计算和比较，从中选出面积最小的。但对直升机扫雷而言，风向对直升机飞行稳定性、航迹保持和悬停点间的过渡影响很大，具体见 3.2 节。因此，在对扫雷作业区进行选择时，风向是应该考虑的一个重要因素。

4.1.3　作业区清扫宽度

扫雷战斗实际作战中，针对不同战术任务的特点，要求扫雷兵力在执行疏通航道扫雷、检查航道扫雷、清扫水雷障碍和导航扫雷的各项战术任务时，在规定的时间内必须完成规定的清扫宽度（范围）。例如，疏通航道扫雷作战中，根据我方扫雷兵力的数量和使用该航道的舰船旋回性能，以及海区助航条件，清扫宽度通常为 1～3 链，必要时可扩大到 3～5 链；检查航道扫雷则要求清扫整个航道的宽度。当兵力和时间不足时，可清扫航道中线部分 1～6 链；导航扫雷时的扫雷宽度，应视扫雷兵力多少而定。

通常，扫雷兵力充足时，扫雷宽度能保证被导航舰船向两侧旋回机动；兵力不足时，扫雷宽度应保证被导航舰船向一侧旋回机动。而完成清扫水雷障碍的任务时，则要求清扫宽度不小于必须清扫的范围，根据海区情况可再扩大 1～5 链。战时为了能在短时间内，使用最少的兵力迅速完成各项扫雷战斗任务，希望扫雷具的清扫宽度应尽可能大，以求获得较高的扫雷效率。因此，对扫雷作业区的划分应满足战术任务的要求。

4.1.4 合理划分作业区

基于雷区水雷动态分类结果、风向和作战任务对障碍区选择的影响分析，扫雷作业区的优化选择包括以下几个方面。

1. 作业区的划分

当扫雷地域面积较大或航道弯曲较长时，为便于扫雷行动，可将雷区划分为若干地段，并对每个地段编号同时划定作业区，按编号逐段扫雷。划分扫雷地段时按下列要求进行。

（1）兼顾一般习惯，规定所划分的作业区以长方形表示。

（2）根据水雷动态分类结果，尽量将某一类水雷划分到一个作业区内。

（3）在同一地段内水深应近似。

（4）保持扫雷带为直向配置。

（5）保持扫雷带有 10～20 min 航程的长度。

（6）便于转向机动。

2. 扫雷方向的确定

确定扫雷方向时，应根据下列情况综合分析比较，抓住主要矛盾。

（1）尽量与雷区边长方向一致。

（2）尽量与风向平行，以便直升机投放扫雷具时迎风悬停。

（3）尽量与流向平行，以便扫雷具拖曳航迹的控制。

（4）便于直升机转向机动。

（5）尽量减少转向次数。

3. 扫雷起点和顺序的确定

确定扫雷开始点，应考虑下列因素。

（1）一般应从扫雷区边缘开始，逐带顺序扫雷。

（2）如果为尽快开辟一条通道，也可从航道或地域中心线开始，逐带向两侧扩大。

（3）扫雷带按顺序以罗马字母标注，确定了扫雷开始点，也即确定了扫雷的顺序。

|4.2　扫雷航路优化研究中应用的海底网格生成方法|

在对直升机扫雷航路进行动态优化的研究中，需要得到扫雷作业区的水深数据。但是由于受观测手段和信息资源等方面的限制，在数字海图上海区地形部分一般得到的是离散的、分布不规则的、详尽程度不一的测深点数据和有限的等深线数据，并不能满足扫雷作战的需要。因此，基于直升机扫雷航路动态优化问题的需求，有必要采用科学、准确、高效的插值方法，以便根据海图现有水深数据得到尽可能准确的栅格化、连续化水深数据[44-45]。

4.2.1　曲面拟合内插算法模型

水深插值属于空间插值问题，目前常用的方法主要有移动平均法、样条插值法、克立金法、距离加权法、神经网络法、曲面拟合法等。但移动平均法计算简单，精度较差；样条插值法计算量比较大；克立金法存在平滑误差、精度与计算量之间的矛盾；距离加权法对于海底地形的描述不够准确；采用神经网络算法时，如果训练数据存在差错，将严重影响插值效果，当训练量数据很大时，会占用大量的内存从而影响计算速度[46-52]。而曲面拟合内插算法对水深插值效果较好，既克服了距离加权插值算法对海底地形的描述不够准确的缺陷，又克服了神经网络插值反向传播算法收敛速度比较慢和处理区域过大时影响插值效果的不足。因此，曲面拟合内插算法具有插值结果精确、处理效率高和鲁棒性好等优点，据此，直升机扫雷航路优化研究中应用的水深插值算法采用曲面拟合内插算法。

多曲面拟合内插法数字高程模型（DEM）是根据对矢量海图图库中已知的离散水深点和等深线的数据进行多曲面拟合，从而得出任意地理坐标位置的水深点数据。曲面拟合内插法数字高程模型（DEM）是以美国 Hardy 教授提出的多曲面拟合内插法[42]为基础，加以改进实现的。

算法的主要设计原理：任何一个圆滑的数学表面，总可以用一系列有规则的数学表面的总和以任意精度进行逼近，也就是一个数学表面上某点（X，Y）处

高程 Z 的表达式为

$$Z = f(X,Y) = \sum_{j=1}^{n} a_j q(X,Y,X_j,Y_j)$$

$$= a_1 q(X,Y,X_1,Y_1) + a_2 q(X,Y,X_2,Y_2) + \cdots + a_n q(X,Y,X_n,Y_n) \quad (4-6)$$

式中，$q(X,Y,X_j,Y_j)$ 为核函数（Kernel），即拟合所用的曲面函数，点 (X_j,Y_j) 称为核函数的中心点；a_j 为待定系数。

核函数可以任意选取，如二次曲面、三次曲面等。考虑到计算效率，同时又为了能保证在计算数据点处坡度的连续性，本算法采用的核函数为对称圆锥面二次曲面函数，如图 4-3 所示。

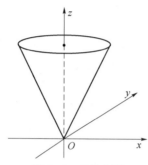

图 4-3　二次曲面

即核函数为

$$q(X,Y,X_j,Y_j) = \sqrt{(X-X_j)^2 + (Y-Y_j)^2} \quad (4-7)$$

若有 m 个水深点 $(X_i,Y_i,Z_i)(i=1,2,\cdots,m)$，可任选其中 $n(m \geqslant n)$ 个水深点为核函数的中心点 $P_j(X_j,Y_j)$。令 $q_{ij} = q(X_i,Y_i,X_j,Y_j)$，根据式（4-6），各水深点应满足

$$Z_i = \sum_{j=1}^{n} a_j q_{ij} \quad i = 1,2,\cdots,m \quad (4-8)$$

由此可列出误差方程，即

$$\begin{bmatrix} v_1 \\ v_2 \\ \vdots \\ v_m \end{bmatrix} = \begin{bmatrix} q_{11} & q_{12} & \cdots & q_{1n} \\ q_{21} & q_{22} & \cdots & q_{2n} \\ \vdots & \vdots & & \vdots \\ q_{m1} & q_{m2} & \cdots & q_{mn} \end{bmatrix} \begin{bmatrix} a_1 \\ a_2 \\ \vdots \\ a_n \end{bmatrix} - \begin{bmatrix} Z_1 \\ Z_2 \\ \vdots \\ Z_m \end{bmatrix} \quad (4-9)$$

式中，$v_i(i=1,2,\cdots,m)$ 为各水深点的拟合误差，即

$$V = QA - Z \quad (4-10)$$

令各水深点拟合误差 $v_i = 0(i=1,2,\cdots,m)$，即 $V = 0$。式（4-10）可化为

$$QA = Z \quad (4-11)$$

由于 Q 为 $m \times n$ 阶矩阵，Q 不存在逆矩阵，则 $Q^{\mathrm{T}}Q$ 为 $n \times n$ 阶方阵，因此式

（4-11）可化为

$$A = (\boldsymbol{Q}^{\mathrm{T}}\boldsymbol{Q})^{-1}\boldsymbol{Q}^{\mathrm{T}}\boldsymbol{Z} \tag{4-12}$$

由式（4-8）得，任意一个水深点 $P_k(X_k, Y_k)$ 位置上的水深值 $\boldsymbol{Z}_k$ 为

$$Z_k = \sum_{j=1}^{n} a_j q_{kj} \tag{4-13}$$

式中，$q_{kj} = q(X_k, Y_k, X_j, Y_j)$，即

$$\boldsymbol{Z}_k = \boldsymbol{Q}_k^{\mathrm{T}}\boldsymbol{A} \tag{4-14}$$

式中，$\boldsymbol{Q}_k^{\mathrm{T}} = \begin{bmatrix} q_{k1} & q_{k2} & \cdots & q_{kn} \end{bmatrix}$。将式（4-12）代入式（4-14）可得

$$\boldsymbol{Z}_k = \boldsymbol{Q}_k^{\mathrm{T}}(\boldsymbol{Q}^{\mathrm{T}}\boldsymbol{Q})^{-1}\boldsymbol{Q}^{\mathrm{T}}\boldsymbol{Z} \tag{4-15}$$

若将全部水深点取为核函数的中心点，即 $m = n$，则

$$\boldsymbol{Q} = \begin{bmatrix} q_{11} & q_{12} & \cdots & q_{1n} \\ q_{21} & q_{22} & \cdots & q_{2n} \\ \vdots & \vdots & & \vdots \\ q_{n1} & q_{n2} & \cdots & q_{nn} \end{bmatrix} \tag{4-16}$$

此时 $\boldsymbol{Q}$ 和 $\boldsymbol{Q}^{\mathrm{T}}$ 为 $n \times n$ 阶方阵，根据矩阵运算法则，式（4-15）可化为

$$\boldsymbol{Z}_k = \boldsymbol{Q}_k^{\mathrm{T}}\boldsymbol{Q}^{-1}\boldsymbol{Z} \tag{4-17}$$

展开得任意水深点 $P_k(X_k, Y_k)$ 位置上的水深值为

$$\boldsymbol{Z}_k = \begin{bmatrix} q_{k1} & q_{k2} & \cdots & q_{kn} \end{bmatrix} \begin{bmatrix} q_{11} & q_{12} & \cdots & q_{1n} \\ q_{21} & q_{22} & \cdots & q_{2n} \\ \vdots & \vdots & & \vdots \\ q_{n1} & q_{n2} & \cdots & q_{nn} \end{bmatrix}^{-1} \begin{bmatrix} Z_1 \\ Z_2 \\ \vdots \\ Z_n \end{bmatrix} \tag{4-18}$$

4.2.2　基于曲面拟合内插算法生成扫雷海区 DEM

使用曲面拟合内插算法生成扫雷海区 DEM，其具体算法流程如下[51-52]。

（1）根据矢量数字地形图 DLG 上的水深点个数和空间分析以及对水深值精度的需求，把矢量数字地形图划分为 $m \times n$ 个格网。

（2）根据插值精度和计算效率要求，选取若干格网节点 $\mathrm{Node}_{m,n}$ 周围的水深插值控制点 $P_1, P_2, \cdots, P_i$，利用等深线和水深点的属性获取函数获取 $P_1, P_2, \cdots, P_i$ 的水深。

以格网节点 $\mathrm{Node}_{m,n}$ 为中心建立一矩形窗口，只要有数据点落入矩形窗口时，就选取为插值控制点。若在矩形窗口未搜索到数据，则扩大该边长 1 倍进行搜索，直至找到若干插值控制点为止，如图 4-4 所示。

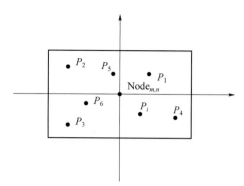

图 4 – 4　格网节点插值方法

根据格网节点 $\text{Node}_{m,n}(X_i, Y_i)$、插值水深控制点 $P_i(X_i, Y_i)$ 和相应的水深 Z_i，由式（4 – 18）得到格网节点 $\text{Node}_{m,n}$ 的扫雷海区 DEM 值 $Z_{m,n}$。

（3）进入下一格网节点，重复(1) ～ (2)步骤。

（4）所有格网节点搜索完毕后，输出扫雷海区 DEM 文件。

4.2.3　实例分析

设图 4 – 5 所示为某扫雷海区图载水深点的水深值及分布情况，水深数据共 30 个点。使用基于曲面拟合内插算法数字高程模型（DEM），对该海区的海底曲面进行拟合，得到的海底曲面形状如图 4 – 6 所示。

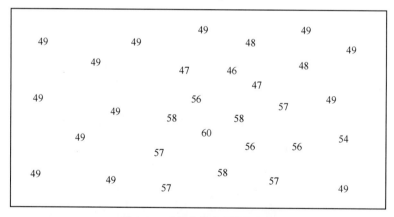

图 4 – 5　水深点的水深值及分布

由图 4 – 6 可见，曲面拟合内插算法对水深插值效果较好，可以满足直升机扫雷航路优化的需要。在编程实现时，m 值取得越大，即矢量海图图库中已知水深点数据取得越多，所拟合出的海底曲面方程就越精确，但是算法中的矩阵运算量也就越大，计算机的运算时间也就越长。为了同时满足精度要求和计算速度，通常取 20 ～ 30 个已知水深点数据进行拟合。

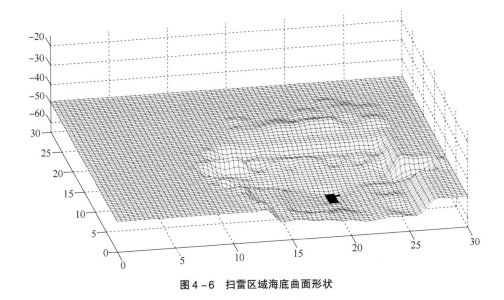

图 4-6　扫雷区域海底曲面形状

|4.3　直升机扫雷航路动态优化原理|

扫雷作战，历来都采用预案作战方式，即在作战前首先制订详尽的作战计划，然后根据这个计划进行作战实施。预案作战方式固然有条理性好、便于实施的优点，然而也有其本身难以克服的缺陷。预案作战方式对情报细节的统一处理，使作战方案在细节上与实际情况有差距。预案作战方式必须针对一定面积的海区统一制定，要求对作战任务区按照自然情况相近的原则进行分区，并将每个区中自然情况视为完全相同，无法兼顾作业区面积和自然条件的一致性，有可能误差十分严重[30]。此外，在预案作战方式中，如果作战参数在实施过程中被修正，就会使前后作业不一致，破坏作战实施过程的连贯性，增加实施的复杂程度，并对效果评估带来不利因素。

为了解决预案作战方式存在的缺陷，在实时计算能力强大，并配有相应软件的条件下，可以采用动态确定作业参数的方式。这种作战方式的特点是：事先不确定扫雷线路，只提供作业的起始方向，在即将用到某条扫雷线路时，临时根据当时已经取得的情报，经综合分析后做出。这种作业方式下，由于每条扫雷线路都是根据当时已知条件，综合考虑各种因素后作出的，因此最符合当时的情况。显然，这种方法可使整个作业过程在每一局部都达到最佳，从而提高作业效率和可靠性。尽管这种方法需要不断进行决策，整个作业过程都是动态的，但操作人员可以始终按统一的方法进行作业，只要形成固定程序，就不会产生混乱。

直升机扫雷作战过程中最主要的实施参数是直升机航速、扫雷宽度和扫雷线路间隔。因此，直升机扫雷航路动态优化主要是指，在扫雷作战过程中对扫雷航速的动态确定、对扫雷宽度的动态调整和对线路间隔的动态选取。由于扫雷速度对扫雷具清扫宽度有很大影响，在扫雷作战中，应充分发挥直升机机动性的特点，在扫雷作业转入下一条航路时，应根据扫雷宽度、扫雷速度和扫雷效率之间的相互影响变化，给出每条航路最优的扫雷宽度和扫雷速度，具体优化方法和计算过程将在后面介绍。

|4.4　磁扫方式下直升机扫雷航路动态优化建模 |

本节首先针对水深变化的任务区，结合海流情况，对磁扫雷具扫雷宽度进行计算。其次，对磁扫方式下直升机扫雷航路动态优化建模。在每次重新计算下一扫雷线路时，都会考虑到水雷障碍区地形起伏和海流变化情况对扫雷宽度的影响，给出每条扫雷航路最优扫雷宽度和最优扫雷速度。

4.4.1　二电极磁场计算模型

由于直升机扫雷系统的拖曳平台的拖曳能力有限，为减小扫雷拖体重量，在设计时一般选择轻型磁源。为此，磁扫雷具的磁场发生方式常采用二电极方式，主要由前电极、后电极和连接电缆（有效段电缆）组成[37]。

1. 有效段磁场

1）分布特点

磁场常用磁力线描述。通电电缆周围的磁力线是以电缆为中心的同心圆，磁力线方向可用右手法则判定：用右手握住通电电缆，并使拇指对着电流方向，则其余四指为磁力线方向。因磁力线圆平面与电缆垂直，故沿电缆方向的磁场分量 H_x 为 0，而横向分量 H_y 和垂直分量 H_z 可分解得到。

若电流由长电缆流出，经过海水从短电缆流回，则某一磁力线的分解情况如图 4 - 7 所示。

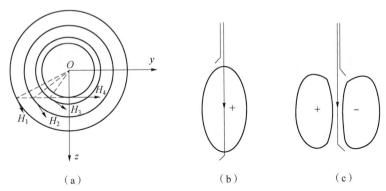

图 4 - 7　有效段磁场分量的分解

在图 4 - 7（a）中，电缆在圆心，电流垂直流出纸面，磁力线为同心圆，方向取决于右手定则。在给定深度上，各磁力线分解为水平（H_y）和垂直（H_z）分量，沿电缆方向的分量（H_x）为 0。

（1）H_y 分量。

某一深度上有效段磁场的 H_y 分量等强线如图 4 - 7（b）所示。磁场区呈椭圆形，中心位于原点，长轴沿电缆方向，原点正下方强度最大，两侧向外强度逐渐减弱。

（2）H_z 分量。

某一深度上有效段磁场的 H_z 分量等强线如图 4 - 7（c）所示。电缆两侧各有一个极性相反，强度对称的磁场区，电缆正下方存在强度恒为 0 的纵向区域。这意味着如果水雷只接收 H_z 方向的磁场时，在电缆正下方会形成一定的漏扫区域。水雷灵敏度越低，对应的漏扫区宽度越大，通常将该区域称为死区。

通过上述分析可以看出，电缆有效段磁场具有以下几个特点。

①$H_x = 0$。

②H_y 分量在电缆下方磁场最强，并且无死区。

③H_z 分量在电缆下方有死区，左、右两侧磁场对称，极性相反。

2）计算公式

扫雷具的磁场可以通过计算或实际测量得出，其分布的规律是用等强线来表示的。等强线的位置是用空间直角坐标表示的。以两电极间的有效段为原点，沿电缆为 x 轴、右正横为 y 轴、向下为 z 轴建立坐标系。根据电磁场理论，二电极扫雷具有效段的 3 个磁场分量计算公式为

$$
\begin{cases}
H_{xe} = 0 \\
H_{ye} = I\,\dfrac{z}{y^2 + z^2}\left(\dfrac{x+a}{\sqrt{(x+a)^2 + y^2 + z^2}} - \dfrac{x-a}{\sqrt{(x-a)^2 + y^2 + z^2}}\right) \\
H_{ze} = -I\,\dfrac{y}{y^2 + z^2}\left(\dfrac{x+a}{\sqrt{(x+a)^2 + y^2 + z^2}} - \dfrac{x-a}{\sqrt{(x-a)^2 + y^2 + z^2}}\right)
\end{cases}
\tag{4-19}
$$

式中，坐标单位为 m；a 为有效段半长（m）；I 为电流强度（A）。公式所得结果单位为奥斯特（mOe）。由式（4-19）可知，磁场强度与电流成正比，因此可用单位电流磁场值求出任意电流下的磁场值。利用这一特点，可较方便地进行磁场计算。

2. 分流电流磁场

分流电流是指从一个电极经过海水流向另一个电极的电流。对多电极情况，可分解为多组电极对，按两电极分别计算，再叠加得到整体磁场。二电极结构中，电流可以从电极的任意一点流入海水，并在海水中形成一定的分布。

1）分布特点

分流电流在海水中的分布范围较大，因而产生的磁场不集中，其最大值远小于有效段磁场，但其延伸范围较大。

分流电流磁场具有以下几个特点。

（1）分流电流磁场的分布范围与有效段磁场接近，但最大强度较小。

（2）H_x 分量 4 个象限各有一个区域，原点对称，相邻区域极性相反，电缆下方有死区。

（3）H_y 分量沿纵向呈 3 个磁场区，在电极附近的磁场与电缆有效段磁场极性相同，电缆中部区域磁场与电缆有效段磁场极性相反。

（4）$H_z = 0$。

2）计算公式

扫雷具电极长数十米，若将其简化为一个点，电流从长电缆流入海水，分流磁场计算公式为

$$
\begin{cases}
H_{xf} = I\left[\dfrac{y}{(x+a)^2+y^2}\left(1-\dfrac{z}{\sqrt{(x+a)^2+x^2+y^2}}+H_{oa}\right)-\right.\\
\qquad\left.\dfrac{y}{(x-a)^2+y^2}\left(1-\dfrac{z}{\sqrt{(x-a)^2+y^2+z^2}}-H_{ob}\right)\right]\\
H_{yf} = -I\left[\dfrac{x+a}{(x+a)^2+y^2}\left(1-\dfrac{z}{\sqrt{(x+a)^2+x^2+y^2}}-H_{oa}\right)-\right.\\
\qquad\left.\dfrac{x-a}{(x-a)^2+y^2}\left(1-\dfrac{z}{\sqrt{(x-a)^2+y^2+z^2}}+H_{ob}\right)\right]\\
H_z = 0
\end{cases}
\tag{4-20}
$$

$$
\begin{cases}
H_{oa} = 2\displaystyle\sum_{m=1}^{\infty} k^m\left[\dfrac{2mh+z}{\sqrt{(x+a)^2+y^2+(2mh+z)^2}}-\dfrac{2mh-z}{\sqrt{(x+a)^2+y^2+(2mh-z)^2}}\right]\\
H_{ob} = 2\displaystyle\sum_{m=1}^{\infty} k^m\left[\dfrac{2mh+z}{\sqrt{(x-a)^2+y^2+(2mh+z)^2}}-\dfrac{2mh-z}{\sqrt{(x-a)^2+y^2+(2mh-z)^2}}\right]\\
k = \dfrac{\rho_b-\rho_w}{\rho_b+\rho_w}
\end{cases}
\tag{4-21}
$$

式中，I 为电流强度；a 为有效段半长（m）；h 为水深（m）；ρ_b 为海底电导率；ρ_w 为海水电导率；m 为电磁场的反射次数。

3. 合成磁场

合成磁场可将有效段磁场和分流电流磁场叠加得到。因 H_x、H_z 分量都有一个为 0，故叠加磁场不变，H_y 分量由两部分叠加得到。实际磁场三分量分布情况如图 4-8 所示。

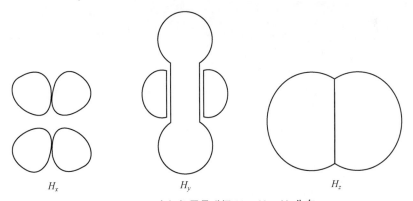

H_x　　　　H_y　　　　H_z

图 4-8　二电极扫雷具磁场 H_x、H_y、H_z 分布

在图 4-8 中，H_y 分量在前后电极附近的磁场得到加强，原点正下方磁场被抵消一部分，原点两侧较远处则出现了极性相反的两个磁场区，这是分流磁场分布范围较大所致，这种情况使 H_y 分量在扫除灵敏度较低的水雷时，电缆两侧较近处可能出现死区。

综上所述，开口电磁扫雷具磁场具有以下特点。

（1）H_y 分量和 H_z 分量由有效段产生，磁场范围大、强度大，有利于扫雷。

（2）H_x 分量仅由分流磁场产生，范围大但最大强度较小，不利于扫除低灵敏度水雷。

（3）H_y 分量等强线呈狭长形，沿纵向延伸远，可能使水雷在扫雷平台附近引爆。

（4）纵向分量 H_x 和垂直分量 H_z 在扫雷具正下方总存在死区；横向分量 H_y 在扫雷具两侧较近处可能存在死区。当水雷恰好处于接收某一分量磁场的方向时，则有可能安全通过扫雷具下方而不被引爆，造成漏扫。

4.4.2　扫雷宽度的动态调整

一般认为，动磁引信水雷（感应水雷）的磁接收器是有方向性的，只有当扫雷磁场强度在水雷引信接收方向上有投影时，才对水雷起作用。通过对开口电磁扫雷具磁场分布特点的分析知道，扫雷具正下方磁场的垂直分量的强度远小于水平分量，因此磁场水平分量是扫动水雷的主要因素。有鉴于此，从磁扫雷具实际工作能力的角度出发，通常以水平分量（H_y）来确定动磁引信水雷的磁场因素值及其相应的扫雷宽度。如无特别说明，本章以后的研究均以水平分量（H_y）来确定动磁引信水雷的磁场因素值及其相应的扫雷宽度。

1. 水深对扫雷宽度的影响

H_y 分量的横向特性规律比较明显，即电缆正下方强度最大，向两侧远离电缆的方向，磁场强度逐渐减弱，直至为 0。而 H_y 分量的纵向特性分析起来则比较复杂，应结合扫雷具性能按实际情况计算得出，即水深对扫雷宽度的影响应按实际情况计算，具体原因如下：在图 4-9 中，在距离电缆一定的宽度上，随水深 Z 的增加取 1、2、3、4、…点，各点的磁场分别为 H_1、H_2、H_3、H_4、…。由于各点离电缆的距离逐渐增加，所以各点的磁场强度逐渐减小，即 $H_1 > H_2 > H_3 > H_4 > \cdots$，而各点的 θ 角却随水深的增加而增大，因为 $H_y = H\sin\theta$，点 1 的 $\theta = 0$，所以 $H_y = 0$。随着水深的增加，$\theta_1 < \theta_2 < \theta_3 < \theta_4 < \cdots$，虽然磁场 H 减小，但由于 θ 角增加，所以 H_y 的变化趋势未知，应结合扫雷具性能按实际情况计算。比如，可能出现以下情况：当水深增加到一定时，由于总的磁场 H 减小了，虽然 θ 角在增大，其分量 H_y 却在减小，横向分量 H_y 的强度会随水深的增加，先增大而后减小，同一强度的横向分量在一定的水深时清扫宽度才最大。

根据上述分析，扫雷具的扫雷宽度在不同的深度上有显著的变化，为增强扫雷作战效果，从优化分析的角度考虑，以往针对一定海区取最大水深作为计算扫雷宽度参考值的做法并不是最合理的，应根据每条航路上的水深变化及时调整扫雷宽度值，以达到提高扫雷效率、优化扫雷作战过程的目的。

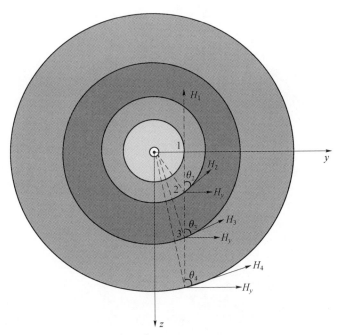

图 4 - 9　H_y 磁场强度随水深的变化

2. 海流对扫雷宽度的影响

为说明问题，暂时不考虑分流电流磁场的影响，由 H_y 分量的纵向特性和横向特性的分布特点可知，其等强线图是一个极性的椭圆形区域，如图 4 - 10 所示。

在直升机扫雷过程中，虽然领航员会根据航迹误差对扫雷拖体进行循迹控制，使拖体运动轨迹保持在计划航线上，但受海流的影响，扫雷具有效段电缆会偏离计划航线，进而影响实际扫雷宽度。假设受海流影响扫雷具左偏 θ，以计划航线为 x

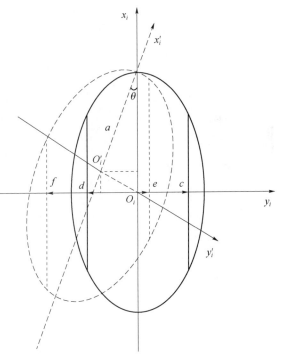

图 4 - 10　海流对扫雷宽度的影响

轴，右正横为 y 轴，向下为 z 轴建立坐标系，则扫雷具右侧扫雷宽度由 $B_{O,c}$ 减小到 $B_{O,e}$，左侧由 $B_{O,d}$ 增大到 $B_{O,f}$，如图 4—10 所示。

为便于分析问题，需要将以扫雷具两电极间的有效段为标准所建立坐标系 xyz 与以计划航线为标准所建立坐标系 $x'y'z'$ 进行坐标变换。假设受海流影响扫雷具发生左偏，xyz 坐标系需平移后再按顺时针方向旋转 θ，则 xyz 坐标系下 xOy 平面内任一点坐标 (Y, X) 在 $x'y'z'$ 坐标系下 $x'O'y'$ 平面内坐标 (Y', X') 为

$$\begin{cases} Y' = (Y + a \times \sin\theta)\cos\theta - (X - a + a \times \cos\theta)\sin\theta \\ X' = (X - a + a \times \cos\theta)\cos\theta + (Y + a \times \sin\theta)\sin\theta \end{cases} \quad (4-22)$$

同理，若受海流影响，扫雷具发生右偏，xyz 坐标系下 xOy 平面内任一点坐标 (Y, X) 在 $x'y'z'$ 坐标系下 $x'O'y'$ 平面内坐标 (Y', X') 为

$$\begin{cases} Y' = (Y - a \times \sin\theta)\cos\theta + (X - a + a \times \cos\theta)\sin\theta \\ X' = (X - a + a \times \cos\theta)\cos\theta - (Y - a \times \sin\theta)\sin\theta \end{cases} \quad (4-23)$$

3. 动态扫雷宽度模型

扫雷宽度是扫雷能力的重要衡量标准，是进行战术计算的重要依据。扫雷宽度是指能可靠爆水雷引信的宽度范围。与扫雷宽度密切相关的 3 个因素是扫雷等强线、水雷动作延时和扫雷速度，确定这 3 个参数后，便可求出扫雷宽度。

设海流作用下 xOy 平面目标水域内任意位置点坐标为 $(X_{l_k}(i), Y(i))$ 和 $(X_{l_k}(j), Y(j))$，在 $x'O'y'$ 平面内坐标为 $(X'_{l_k}(i), Y'_{l_k}(i))$ 和 $(X'_{l_k}(j), Y'_{l_k}(j))$，则

$$X'_{l_k}(i) = X'_{l_k}(j) \quad (4-24)$$

$O(i)$ 点水深为 $d(O_i)$，第 k 条扫雷线路位置为 l_k。确保能够引起水雷动作的清扫区域边界点的位置横坐标记为 $(C_l(i), C_r(i))$，第 k 条扫雷线路左右扫雷宽度分别为 B_k^l 和 B_k^r。

H 为扫雷具在 (X, Y) 点的磁场强度，(P'_x, P'_y) 为水域中扫雷磁场强度根据水雷灵敏度满足引起 (P_x, P_y) 点水雷动作的临界偏移量，则

$$\begin{cases} H - H_q = 0 \\ |P'_y| \times 2 - L = 0 \\ L = 1.1 t_0 V \end{cases} \quad (4-25)$$

式中，L 为水雷引信可靠动作的磁场区最小长度；t_0 为水雷动作最大延迟时间；V 为扫雷速度；H_q 为水雷引信动作的临界磁场强度。

4.4.3　线路间隔的动态选取

对任何一种非接触扫雷具，它所能产生的物理场，可以通过相应的理论计算出

来。在给定水雷引信灵敏度、水雷工作制、扫雷制度的条件下，便可求出扫雷宽度。上述方法确定的扫雷宽度，理论上应达到100%的清化率，但实际上会受到随机因素的影响，如水雷灵敏度误差、扫雷具工作参数不稳定、水深变化、海底导电性等，使部分水雷不发生动作。因此，仅用扫雷宽度还不能准确表达扫雷能力，必须考虑扫雷概率。

当水雷从某一横距处通过扫雷装备的有效探测范围时，都有被扫到的可能性，可能性大小用一个概率值表示，取值范围为[0,1]。搜扫概率是扫雷作战中最重要的战术数据之一，深入理解搜扫概率，对制订合理的作战计划，正确判断作战态势与进程，及时完成作战决策，准确评价作战效果等，都具有非常重要的意义。基于搜扫概率的扫雷战术计算方法，目前仍在不断发展和完善中。

1. 横距曲线

搜扫概率在不同横距处不同，如果把搜扫概率与横距之间一一对应的关系标在同一个坐标图上，就可以得到搜扫概率—横距曲线图，简称为横距曲线。

1）影响横距曲线的主要因素

扫雷对抗双方情况不同时，横距曲线会有相应的变化，其中影响较大的因素有灵敏度、引信工作制度、搜扫设备工作参数和环境因素等。

（1）引信灵敏度的改变，会使扫雷具对引信的清扫范围发生变化，导致横距曲线的宽度发生明显变化，同时高度也会有所变化。

（2）引信工作制度不同，会对横距曲线的高度和宽度产生影响。例如，当引信工作制度中包含较多延时时，会使引信动作的概率下降，动作距离变小。

（3）搜扫设备工作参数不同，可以对横距曲线产生很大的影响，如扫雷具的工作电流会直接对搜扫效果产生影响。

（4）环境因素对横距曲线的影响也是非常明显的。例如，水深决定搜扫目标的水平距离，潮高变化使水平距离处于变动之中；水温对声速影响很大，从而改变声扫雷具性能；水流则会使被拖带的搜扫工具沿航向线展开，在预定航迹线两侧不对称，并使航迹与横距曲线中心出现一定程度的偏离。

2）横距曲线的表示及配置方法

同类型的搜扫工具，其横距曲线具有相同的内在规律，了解其基本情况，有助于提高战术分析的准确性。

非接触扫雷中，各种随机因素的影响非常复杂。一般来说，非接触扫雷具的横距曲线应通过大量试验取得。但这样做受到人力、物力的限制，特别是面对不同类型的水雷、扫雷制度和千变万化的客观环境，完全依靠试验获取横距曲线是不现实的。另外，对未知的水雷，即使有足够的人力和物力，也会因没有水雷而无法试验。

为了满足使用上的需要，必须提供取得横距曲线的方法，较为实用的是试验与计算结合法。参考文献［60］分析指出，扫雷具的扫雷概率与横距有关，通常用等腰梯形近似表示横距曲线，如图 4 – 11 所示。

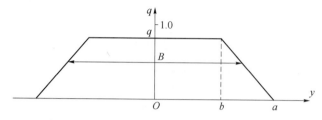

图 4 – 11　梯形横距曲线

等腰梯形横距曲线可用一组参数 (q,a,b) 表示，其上底长 $2b$，高度为扫雷概率 q，下底长 $2a$，中线长 B，解析表达式为

$$Q(y) = \begin{cases} q & (|y| \leq b) \\ \dfrac{q}{b-a}(y-a) & (b < |y| \leq a) \end{cases} \tag{4-26}$$

称 B 为计算得到的扫雷宽度。对普通声、磁引信，通常取 $q = 1$、$a = \dfrac{4}{3}B$、$b = \dfrac{2}{3}B$。

2. 线路间隔的配置方法

如果相邻线路 x_1 和 x_2 具有不同横距曲线 $f(x_1)$ 和 $f(x_2)$，其最大作用范围分别为 B_1 和 B_2，则可根据扫雷方法的不同选择不同的重叠宽度，从而根据搜扫线路配置方法不同确定搜扫线路，横距曲线的配置方法有重叠配置和均匀配置。重叠配置具体见 3.1 节中的直升机扫雷方法。例如，使用清扫法清除水雷时，相邻扫雷航线重叠宽度为 2 倍航迹均方误差（2δ），则下一个搜扫范围的中心 x_2 与前一个中心 x_1 之间的距离为

$$x_2 = x_1 + \frac{B_1 + B_2}{2} - 2\delta \tag{4-27}$$

为保证发现概率的均匀性，以便后续效能评估更加准确、有效，可考虑采用均匀配置方法。均匀配置法要求在搜扫概率曲线最大作用范围内均匀配置多条线路，因此首先应确定相应的范围。显然，下一个搜扫范围的中心 x_2 与前一个中心 x_1 之间的距离为

$$x_2 = x_1 + \frac{B_1 + B_2}{2} \qquad (4-28)$$

x_2 是下一线路的中心，因此待搜扫范围为其两侧各 $B_2/2$ 的范围，如果在该范围内需要进行 n 次搜扫，则相应的搜扫线路间隔为 $d = \dfrac{B_2}{2n}$。此时在新的搜扫范围内，距边界 $d/2$ 处起，每隔 d 安排一条搜扫线路即可达到要求。

均匀配置的优点是作业效率高、实施简单（每条线路搜扫一次），但这种配置在实施过程中灵活性较差，不便于调整。故在实际的扫雷作战过程中，可考虑用重叠配置完成一定基数的搜扫，再用均匀配置逐步提高次数，以便灵活处置。

4.4.4　直升机扫雷速度的动态确定

直升机扫雷速度是指直升机拖曳扫雷具在预定扫雷航线上进行扫雷作业时的航速。扫雷速度影响扫雷效率，为提高效率应当合理确定扫雷速度。较高的扫雷速度能保证迅速、隐蔽、可靠地实施扫雷。从战术观点要求来看，在确保扫雷效率的前提下，扫雷速度越快越好。然而实践证明，扫雷速度的提高将受许多因素的制约。

对非接触扫雷具来说，其清扫宽度由磁场作用范围和磁场长度决定，磁场长度的变化将引起清扫宽度的改变。通常，扫雷长度增大，清扫宽度则减小。

不同的灵敏度和工作制度，扫雷速度与磁场长度、清扫宽度之间的相互影响也不尽相同。在扫除高灵敏度水雷时，提高扫雷速度的潜力就大些。扫除低灵敏度水雷时，提高扫雷速度的潜力就小些，甚至不能提高。

从理论上说，直升机的扫雷速度下限大于 0。为迅速、隐蔽地实施扫雷，一般战术上要求扫雷直升机要保持较高的扫雷速度。相对于水面舰艇，即使扫雷直升机主机的动力允许无限制地增大扫雷速度[18]，但拖曳扫雷具的承受拉力和水雷灵敏度却限制了扫雷速度的增大。在水雷灵敏度较低时，扫雷速度提高余地较大，主要受拖曳扫雷具承受拉力的限制；而在水雷灵敏度较高时，为了满足引起水雷可靠动作的磁场区最小长度的需要，直升机速度不能太快。因此，直升机拖曳扫雷具扫雷时速度为

$$V \in [0, V_{max}] \qquad (4-29)$$

式中，V_{max} 为扫雷速度上限。

由于扫雷速度对扫雷具清扫宽度有很大影响，在扫雷作战中，应充分发挥直升机机动性的特点，在扫雷作业转入下一条航路时，应根据扫雷宽度、扫雷速度和扫雷效率之间的相互影响变化，给出每条航路最优的扫雷速度。具体优化方法和计算过程将在后面介绍。

4.4.5 扫雷效率

衡量扫雷效率的指标是单位时间内扫过的面积，即扫雷宽度与扫雷速度的乘积。因为扫雷速度与扫雷长度成正比，故扫雷速度增大时扫雷宽度会减小，这使其乘积的变化情况不确定。故在确定扫雷具通电方式后，需要分别计算不同速度下的扫雷效率，选择最佳扫雷速度。

进一步地精确考虑，由于扫雷过程中相邻扫雷带必须有重叠，则实际扫雷效率应为扫雷宽度减去重叠宽度，再与扫雷速度相乘而得。

根据搜扫线路配置方法的不同，可确定不同的重叠宽度。如采用清扫法，重叠宽度为 2 倍航行均方误差，设其为 $2E$，则下一条搜扫线路的坐标为

$$x_k = x_{k-1} + \frac{B_{k-1} + B_k}{2} - 2E \qquad (4-30)$$

式中，E 为航行均方误差；B_k 为每条航路在一固定速度下相应的扫雷宽度，可由式（4-19）至式（4-25）计算出，且 $B_k = \min(B_k^l + B_k^r)$。取不同的步长，可计算出每条航路在不同速度下的扫雷宽度 $B_k(i)$。

直升机拖曳扫雷具扫雷时扫雷效率为

$$Q = (B - 2E) \cdot V \qquad (4-31)$$

每条航路目标函数为

$$\max(Q) = \max\{[B_k(i) - 2E] \cdot V(i)\} \qquad (4-32)$$

利用计算机对式（4-32）依次循环求解，由此可优化出每条航路的直升机扫雷速度和扫雷宽度。

由于未知下一搜扫线路，在此，参考 L_i 扫雷宽度可给出 L_{i+1} 航路的估计航线，即 L_{i+1} 航路的估计航线由 L_i 扫雷线路确定，进而可给出 L_{i+1} 航路的参考水深。由于估计航线和实际航线水深值差别不大，因此，可以以估计航线水深作为实际航线水深值，由此所确定的 L_{i+1} 扫雷线路的配置情况为

$$L_{i+1} - \max(C_{i+1}^l) = W_{i+1}^l \qquad (4-33)$$

$$\min(C_{i+1}^l) - L_{i+1} = W_{i+1}^r \qquad (4-34)$$

$$B_{i+1} = \min(C_{i+1}^l) + \min(C_{i+1}^r) \qquad (4-35)$$

其中，第一条扫雷线路选择指定水域的长边界点，即 $L_1 = 0$。如果最后一条扫雷线路未能完全覆盖指定清扫水域，则可以对边界进行补充扫雷。

4.5 仿真与分析

使用某型直升机拖曳二电极磁扫雷具（电缆有效段100 m）扫除海域内所布某型

水雷，假设雷区水雷灵敏度 $dH/dt = 1$ mOe/s。考虑海区海底为岩石，K 接近于 1。

海底不导电（$K = 1$）时的合成横向分量计算公式为

$$H_y = I\left\{\frac{z}{y^2 + z^2}\left(\frac{x + a}{\sqrt{(x + a)^2 + y^2 + z^2}} - \frac{x - a}{\sqrt{(x - a)^2 + y^2 + z^2}}\right)\right.$$

$$+ \frac{x - a}{(x - a)^2 + y^2}\left(1 - \frac{z}{\sqrt{(x - a)^2 + y^2 + z^2}}\right) -$$

$$\left.\frac{x + a}{(x + a)^2 + y^2}\left(1 - \frac{z}{\sqrt{(x + a)^2 + x^2 + y^2}}\right)\right\}$$

受海区海流影响，扫雷具左偏 5°，对 y 向磁场分量进行仿真计算，对水深变化和航速变化情况下的直升机扫雷线路配置进行优化。

4.5.1　生成海底网格

直升机扫雷还要求对扫雷海区的海底地形有一定程度的掌握。在较熟悉的海域可调用相应的电子海图，在电子海图数据不能满足扫雷作战的需要时，可采用本书 4.2 节给出的海底网格生成方法，进行海底地形建模。而在陌生海域作业时，可以考虑在直升机上加装水深测量装置，对海底地形进行扫描采集，实时获取海底地形数据，以满足扫雷作战需求。

为了进行仿真计算，假设所研究海域是一块 950 m × 9 000 m 的长方形海域，左侧毗邻海岸线。在所研究的区域内，水深 30 ~ 90 m，平均水深 80 m。由于海底地形有起伏，水深有较大变化，最大水深为 90 m，如图 4 – 12 所示。

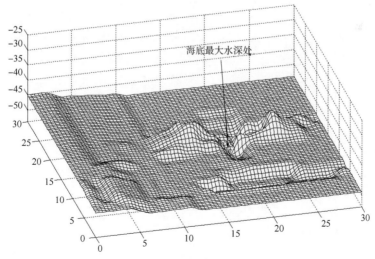

图 4 – 12　扫雷区域海底地形

4.5.2　海流对扫雷宽度的影响分析

水深 30 m，直升机航速 20 kn 时，考虑海流对扫雷宽度的影响，仿真结果见表 4 – 2。受海流的影响，随着左偏度数的增加，扫雷宽度逐渐变小；偏转度数较大时，扫雷宽度趋于零。这是因为，随着偏转度数的增大，扫雷具磁场作用范围已不能达到引起水雷引信动作的磁场区所要求的最小长度。同时也表明，扫雷具的搜扫宽度受海况影响较大，且在恶劣海况下，如左偏度数达到 29°以上时，作业区已不适合扫雷。

表 4 – 2　海流对扫雷宽度的影响

左偏度数 / (°)	0	1	2	3	4	5	6	7	8	9	10	11	12	13	14
左（－） /m	– 70.2	– 70	– 68.9	– 66.8	– 64.6	– 62.5	– 60.6	– 58.9	– 57.4	– 56	– 54.9	– 53.9	– 53	– 52.2	– 51.4
右（＋） /m	70.2	68.5	65.4	61.6	57.6	53.8	50	46.7	43.5	40.4	37.6	34.8	32.2	29.7	27.2

左偏度数 / (°)	15	16	17	18	19	20	21	22	23	24	25	26	27	28	29
左（－） /m	– 50.6	– 49.9	– 49.2	– 48.5	– 47.8	– 47	– 46	– 45	– 44	– 42.8	– 41.3	– 39.4	– 36.9	– 33.4	– 24.3
右（＋） /m	24.8	22.4	20	17.6	15.2	12.8	10.3	7.7	4.9	2.1	– 1	– 4.5	– 8.5	– 13.6	– 24.2

注：左（－）表示扫雷具左侧扫雷宽度；右（＋）表示扫雷具右侧扫雷宽度。

4.5.3　直升机速度和水深对扫雷宽度的综合影响分析

考虑直升机不同航速下水深对扫雷宽度的影响，采用上面方法的计算结果见表 4 – 3。总体而言，在直升机航速 15 ~ 20 kn 时，随着水深的增加，扫雷宽度先变大再逐渐变小；而直升机航速在 21 kn 时，扫雷宽度随着水深的增加逐渐变小，甚至在某些深度已不适合扫雷作业。这种情况主要是由水深的变化引起的。由于扫雷具 H_y 磁场分量的纵向特性分析起来比较复杂，在实际的作战使用中应结合扫雷具性能按实际情况计算得出。

表 4 – 3　水深和航速对扫雷宽度的影响

水深/m 扫宽/m 航速/kn	30		40		50		60		70		80		90	
15	– 45.3	36.6	– 52.6	43.8	– 58.8	50.1	– 63.4	54.7	– 65.5	56.8	– 64.9	56.2	– 61.7	53
16	– 45.1	36.4	– 53.4	44.7	– 60	51.3	– 64	55.3	– 65	56.3	– 63.3	54.6	– 59.2	50.4
17	– 47	38.3	– 55.9	47.2	– 61.9	53.2	– 64.5	55.8	– 64.1	55.4	– 61.2	52.5	– 55.9	47.2
18	– 51.7	43	– 59.6	50.8	– 63.6	54.9	– 64.3	55.6	– 62.4	53.7	– 58.3	49.6	– 51.8	43.1

续表

水深/m　扫宽/m　航速/kn	30		40		50		60		70		80		90	
19	−57.8	49.1	−62.8	54	−64.3	55.6	−63.2	54.5	−60	51.2	−54.5	45.8	−46.4	37.7
20	−62.5	53.8	−64.3	55.6	−63.7	55	−61.1	52.4	−56.5	47.8	−49.6	40.9	−39.3	30.6
21	−64.6	56	−64.2	55.4	−61.9	53.2	−57.9	49.1	−51.9	43.2	−43.1	34.4	−28.9	20.2
22	−79.4	55.9	−62.4	53.7	−58.8	50.1	−53.4	44.7	−45.7	37	−33.9	25.2	−4.3	−4.3
23	−62.8	54.1	−59.3	50.6	−54.3	45.6	−47.3	38.6	−37.1	28.4	−17.2	8.5	—	—
24	−59.6	50.9	−54.8	46.1	−48.3	39.5	−38.9	30.2	−22.9	14.2	−4.4	−4.4	—	—
25	−54.8	46	−48.5	39.8	−39.8	31	−25.5	16.8	−4.4	−4.4	—	—	—	—
26	−48.2	39.5	−39.7	31	−26.3	17.5	−4.4	−4.3	—	—	—	—	—	—
27	−38.7	30	−25.4	16.6	−4.9	−4.3	—	—	—	—	—	—	—	—
28	−22.6	13.9	−4.5	−4.3	—	—	—	—	—	—	—	—	—	—
29	−4.3	−4.3	—	—	—	—	—	—	—	—	—	—	—	—

4.5.4　直升机扫雷航路动态优化效果分析

　　其余仿真条件不变，比对分析直升机不同飞行航速及不同海深时的扫雷效率，见图 4 – 13。从图 4 – 13 中可以看出，随着直升机航速的增加，扫雷效率变化存在起伏。这主要是因为随着直升机航速的增加，扫雷宽度会变小，导致扫雷效率变化存在起伏。

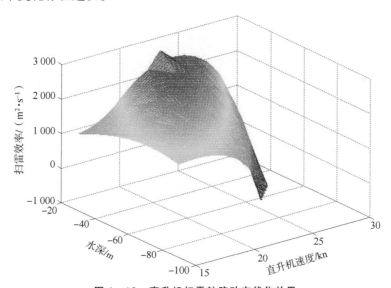

图 4 – 13　直升机扫雷航路动态优化效果

总体而言，在同一水深下，扫雷宽度随直升机航速的增大逐渐变宽再逐渐减小，但扫雷效率最大值并不在最大扫宽处，还与直升机飞行速度有关。这一结果与理论分析相符，也正体现了航路优化的意义。例如，水深 40 m 时，最大扫宽在直升机扫雷航速为 20 kn 处，但航路优化给出的结果是 22 kn，因为此时扫雷效率最大，最优扫雷宽度为 116.1 m。

目前，不采用"动态优化方法"配置扫雷线路的一般原理是：不考虑海流对搜扫宽度的影响，取整个海域内最不利水深计算出来的清扫宽度为标准配置扫雷线路。这种方法从最不利原则出发，虽然保证了扫雷可靠性，但损失了效率。而采用"动态优化方法"配置扫雷线路时，由于每条扫雷线路都是根据当时已知条件综合考虑海区海流情况后作出的，因此最符合当时的情况。这种方法可使整个作业过程在每一局部都达到最佳，可以在一定程度上减小局部误差，从而提高作战效率和作业可靠性。

|4.6 本章小结|

本章首先对直升机扫雷作业区的优化选择方法，以及扫雷航路优化研究中应用的海底网格生成方法进行了研究；其次，针对水深变化的任务区，结合海区海流情况，进行磁扫雷具扫雷宽度的计算；最后，提出了直升机扫雷航路动态优化的方法，对直升机磁扫方式下扫雷航路动态优化建模，并通过仿真进行验证，研究方法和研究结果贴近实际。从战术应用来看，通过扫雷航路优化方法，能极大地节省扫雷资源，缩短扫雷时间，减小局部误差，提高作战效率，为后续章节直升机扫雷作战任务优化提供依据。

第 5 章

声扫方式下直升机扫雷航路动态优化模型

声扫方式下直升机扫雷航路动态优化的方法与磁扫方式下类似。所不同的是，声引信水雷与声扫雷具受水声环境影响较大，使用者必须结合水声环境预报声扫雷具的实际作用范围，以提高扫雷作战效能。本章通过海洋水声环境对扫雷具性能影响因素的分析，对声扫方式下直升机扫雷航路动态优化建模，并进行了相应的仿真与分析。

|5.1 扫雷声场|

5.1.1 水雷声引信概述

舰船在航行时，由于主机、副机、螺旋桨的转动，舰壳的振动和水流对舰体的摩擦产生强烈的噪声。这种噪声传播到舰体周围的海水，形成了舰船声场。利用舰船声场动作的水雷叫声引信水雷。声引信水雷最早应用于非触发水雷，至今仍被广泛采用。声扫雷具能产生类似舰船的声场，可扫除（诱爆）装有声引信的非触发水雷，与磁扫雷具联合使用时，还可扫除声磁联合引信水雷。

1. 舰船噪声场分类与水雷引信的关系

舰船声场的频率范围比较宽，以人耳可听到的频率范围为界限，声场可分为次声场（频率在 0～20 Hz，人耳听不到）、声场（频率在 20～20 000 Hz，人耳可听到）和超声场（频率在 20 000 Hz 以上，人耳听不到）。为了设计水雷和使用水雷的方便，水雷的声引信也分为次声水雷引信、音响水雷引信和超声水雷引信。

1）舰船声频特性与音响引信的关系

舰船声频主要由机械噪声和螺旋桨噪声产生，其强度大，水中衰减小，传播距离远，因此，用作水雷值更引信的信号源较为适宜。一般舰船的声频部分在 80 ~ 2 000 Hz 范围内，声压都比较大，因此，音响引信大都利用这个频段。由于声频场很容易人工模拟，单一音响引信水雷抗扫力和抗干扰力比较差，所以水雷音响引信大都和其他引信联合使用，以提高水雷的生命力。

2）舰船次声场特性与次声引信的关系

舰船次声场主要是由机械、螺旋桨及船壳的振动造成的。实测表明，舰船次声场的强度比声频部分弱。次声场振幅的最大值集中在舰船机器部位的下方，有一些集中在螺旋桨附近。舰船次声场频率越低，衰减越小，传播距离越远。因此，用次声信号来工作的引信动作半径大。即使由于某种原因，水雷被泥沙掩埋了，但由于次声被泥沙吸收少，次声引信仍能正常工作，所以次声引信具有较好的抗自然界干扰能力。舰船次声场人工模拟较难，因为要模拟次声场，必须制作一个体积很大的声源体。所以，次声引信的抗扫力是比较好的。

3）舰船超声场的特性与超声引信的关系

舰船超声场主要是由螺旋桨产生的，航行速度越高，超声场越强。舰船超声场的强度和频率关系很大，频率为 20 000 ~ 25 000 Hz 时，超声强度比较强，频率高于 25 000 Hz 时，声压下降很多。因此，一般水雷超声引信多工作在 25 000 Hz 的频率上。舰船超声场的强度受舰速影响较大，速度越高，超声越强。因此，超声引信动作半径随舰船航速而变化。目前，模拟大功率、作用距离远的超声信号，还是有一定难度的，所以超声引信相对声频引信来说，抗扫力比较好。

2. 水雷声引信基本组成

水雷声引信通常由检测电路、逻辑电路和起爆电路组成。

1）声检测电路

声检测电路由声传感器和相应的电路组成。声传感器有炭粒式、振动式、电动式、电磁式、磁致伸缩式和压电式。

（1）声强检测。

将制成片状的压电陶瓷贴于振动膜板上，当膜板弯曲振动使压电片径向受力时，其两个表面之间便产生电位差，其强度与受力（声强）之间存在固定的关系，经采样放大后送到逻辑电路。

（2）相位检测。

将两个相同的压电陶瓷环沿轴向配置，点声源的声波到达两个环时存在波程差，由于相位的关系，可使两环产生的压电极性有所不同，可检测出点声源的方位角，从而使得声引信具备方位识别能力。

（3）线谱检测。

用一个频率可控的窄带滤波器，对声信号进行频率扫描，并比较强度。当在某一频率上发现强度跳变时，便可确认线谱的存在，并记录其幅值和频率。利用线谱可以较准确地区分目标类型。

2）逻辑电路

水雷声引信逻辑电路主要有幅值、单梯度、双梯度、线谱等形式。每个频率通道可使用不同的逻辑，形成复杂的逻辑组合。

幅值方式最为简单，当引信接收的声压强度达到规定值时，便进入有效状态。单梯度方式要求在一段时间内从第一幅值增大至第二幅值。双梯度方式有两段时间，要求必须在第二时间段内达到第二幅值，提前或滞后都被认为无效。线谱引信的使用，要求必须事先对所要打击目标有较明确的了解。通常利用相对强度确认线谱的存在，再根据线谱的频率位置是否落入规定范围，决定是否进入有效状态。采用多个频率通道的声引信，可以更全面地检测目标特征，有效对抗频带较窄的扫雷具。

5.1.2　扫雷声场产生方法

在水下产生声场的方法很多，扫雷具中常用的有机械振动、活塞、爆炸等方式，还可使用空化、压电陶瓷、弯张等多种方式。

1. 机械振动式声源

机械摩擦和撞击是应用最早且最广泛的机械振动式扫雷声源，采用电驱动或流体驱动（无源）方式，结构简单、使用方便，声辐射能力强；但其只能按固有频率振动，频谱固定且难以控制，一般只能用于扫除非智能声水雷。

2. 膜板式声源

膜板式声源也称活塞式声源，一般由驱动机构带动一刚性辐射膜板（活塞）做强迫振动辐射声波，其特点是便于控制辐射频率。

3. 水中爆炸及气枪式声源

爆炸声源采用定量炸药在水中爆炸的方式，利用爆炸瞬间产生的峰值很高而持续时间很短的冲击波形成声源。此类声源含有丰富的谐波，其频谱主要集中于高频段。气枪式声源是向水中突然施放一定体积和压力的高压气体，形成脉动气泡辐射声波，其发声原理类似于小装药的水中爆炸。水中爆炸消耗大、成本高，频谱不易控制；而高压空气易于产生，成本较低，便于多次大量使用。

电火花声源利用水下电极间火花放电形成高温高压气泡，其频谱比炸药和气枪的要宽，也可用作扫雷声源。这种声源具有重复性好、成本低、比较安全的特点，但其频谱也难以灵活控制。

4. 其他声源

（1）空化式声源：液体中因局部压力减小使部分液体汽化（汽化空化）或使原来溶于水中的空气析出（气体空化）而形成空泡，利用这些空泡的生长、脉动和溃灭产生空化噪声。

（2）压电式声源：常见于声呐换能器。压电换能器机电耦合系数大，转换效率高，作辐射器使用时多工作于谐振状态，频带较窄，多用于高频或超声频声源。

（3）弯张式声源：由压电换能器与金属壳体或圆盘构成，压电换能器电致伸缩带动金属壳体或圆盘振动辐射噪声。

上述各种声源对扫雷都具有使用价值。但针对扫除现代声引信水雷作战需求而言，要求扫雷声源应能产生从次声至声频的宽频带辐射，而且其频率可以改变和控制。按照这种要求，目前只有电动式或电液伺服驱动的膜板式声扫雷具能够满足，因此膜板式声扫雷具得到了广泛应用。

5.1.3　声场特性

声源发出的声波向四周传播形成声场，常用声压描述声场。根据波动理论，声压是位置和时间的函数。一个周期中最大声压为振幅，通常用有效值表示声压（类似于交流电的电压），常用单位为 μPa。声波具有机械能，单位时间内通过单位面积的声波能量称为声强，其单位是具有 $1\ \mu Pa$ 声压的平面波在 $1\ s$ 内通过 $1\ cm^2$ 面积的总能量，约为 $0.67 \times 10^{-22}\ W/cm^2$。为方便表述，通常声强也采用单位 $1\ \mu Pa$。

实用中，声强的变化范围很大，为便于表述，通常表示为声强级，即

$$SL = 10\lg \frac{I}{I_0} = 20\lg \frac{P}{P_0}$$

式中，I 为声强；P 为声压；I_0 为参考声强，对应的参考声压为 $P = 1\ \mu Pa$；SL 为声强级（dB），简称声级。

由于历史的原因，早期使用 1 μbar 作基准，换算为 μPa 时，应在所求结果上加 100 dB。

声场空间中任意一点的声级与频率有关，其关系曲线称为频谱。在某一频带范围内对声强积分，可得到该频带范围的声带级，整个频率范围的声带级称为总声级。声强符合叠加特性（同相时），但声级不能简单叠加。两个相同的声级叠加时，相当于单个声级增加 $20\lg2 \approx 6$ dB。

声源的强度常用声源级表示，它是距声源中心 1 m 处的声级，在未说明频带时，声源级为总声源（注意某些声源参数使用总声压级，其总声级为总声压级的 1/2）。如果声源有方向性，则声源级也有方向性。舰船和声扫雷具的辐射噪声受声源类型、构造的影响，有一定方向性，但多数不明显。

舰船辐射噪声的来源有机械噪声、螺旋桨噪声和水动力噪声，其强度与吨位和航速密切相关。其频谱覆盖从次声到超声很宽的范围，同时在某些特定频率上存在带宽很窄的高声级区，因其在频谱图上呈线状，故称为线谱。

根据水声学，在声源一定距离处的声级为

$$S = SL - NL - TL + DI \qquad\qquad (5-1)$$

式中，S 为给定点声级（dB）；SL 为声源级（dB），由扫雷具性能和水雷接收频带范围决定；NL 为背景噪声级（dB）；TL 为传播损失（dB）；DI 为指向性指数（dB）。

| 5.2　海洋环境对声扫雷具性能的影响因素分析 |

水雷声引信装置主要由噪声接收器、线路装置、电池组等组成。水雷入水进入战斗状态后，当有舰船通过时，舰船声场作用到噪声接收器上，噪声接收器接收舰船噪声信号，该声能经过声传播的损失，并融入背景噪声，经过调制转化，最终形成电信号。因此，影响声扫雷具扫雷性能的主要因素为水雷声引信灵敏度、环境噪声等级和声传播损失。

声波在水中传播的速度与水温有关，水温升高 1 ℃，声速增加 4.5 m/s。下午阳光的直射使得上层 5~9 m 深的海水温度上升 1~2 ℃，而下层海水温度随深度的增加迅速降低，这就造成图 5 - 1 所示的负跃层声速梯度模式。根据 Shell 定律[55]，声线传播时是弯向声速较低一侧的。由于声线弯曲，使声扫雷具的声波有效作用距离受到限制。当声速按负梯度分布时，声线向海底方向弯曲，造成的声影区如图 5 - 1 所示。从图中可看出，如果水雷位于声影区，位于跃层之下的水雷即使距声扫雷具声源较近，也难以被扫动。但若水雷位于跃层之上，则有利于位于跃层之上的声扫雷具发挥其最大效能。

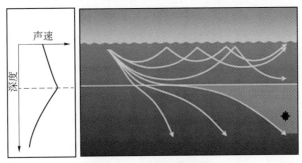

图 5 - 1　声线传播特性

　　声波在海水的传播过程中，由于受水文条件的限制，尤其是水温的变化使得各处的声速大小不一样，声线将产生折射现象，使得声波在海水中的传播距离受到限制，这种传播特性决定了在不同的工作环境中，声扫雷具的扫雷宽度会有较大的变化。为了使随后的声传播讨论更加方便，在满足扫雷作战精度要求的条件下，假定声速剖面是线性分层的。可将声速剖面垂直分布划分为 6 种类型，如图 5 - 2 所示。Ⅰ 型声速梯度称为正梯度；Ⅱ 型声速梯度称为负跃层；Ⅲ 型、Ⅳ 型和Ⅵ 型声速梯度存在跃变层和声道效应；Ⅴ 型声速梯度称为负梯度。由于海洋环境的复杂多变，这 6 种声速类型都有可能出现。

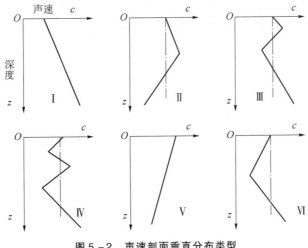

图 5 - 2　声速剖面垂直分布类型

5.2.1　声传播模型仿真与分析

研究声传播模型的目的就是计算传播损失，进而预测声扫雷具的性能，传播损失通常按不同的频率、声速梯度、声源深度和接收器深度，绘制成以距离为函数的曲线。

声传播建模研究一般要区分成与距离无关（一维，海洋变化仅仅是深度的函数）和与距离相关（二维，海洋变化是深度和距离两者的函数）两个方面。除了声速和水深外，其他一些参数在距离相关问题中也可能要考虑，如海面衰减、海底衰减和吸收等。

声传播模型的建模技术包括数值模型和经验模型。所有声传播经验模型的建立都是依据有限数量的海区现场测量结果而建立的，一般提供的是与距离无关海洋环境的传播损失在深度上的平均估计值。在这些模型中，有两种经验算法能较好地适用于浅海传播损失的平均值预报，分别是 Rogers 模型和巨人扩展模型。这两种算法能够体现声速梯度和海底地质的变化，但不能反映深度变化。声传播数值模型的理论基础主要是波动方程，大体可分为两类，即射线理论和波动理论，其中波动理论又可以分为简正波模型、抛物形方程模型、多路径展开模型和快速声场模型 4 种。射线理论模型由于物理上的限制一般适用于高频（大于 500 Hz），适用性较强且使用较多的有 RAYWAVE、GRAB、BELL-HOP 等模型。而波动理论由于精度和运行速度上的限制，一般适用于低频（小于 500 Hz），适用性较强且使用较多的有 SNAP、BDRM、KRAKEN、WKBZ 等模型。

波动理论的计算较为烦冗，耗时较长，而射线理论运算快速简洁，能够体现声场的基本物理特性，尤其是决策的实时性要求，其优点尤为突出。因此，本书使用基于射线理论与距离有关的 BELLHOP 模型计算具体的传播损失值，并将其与声呐方程结合起来，进行声扫雷具性能的评估。

传统射线模型通常受到高频近似的限制，不能有效计算焦散线附近的传播损失。BELLHOP 模型引入高斯近似方法较好地处理声线能量焦散和完全影区等问题。模型首先利用 Snell 定律和线性声速分层方法求解声线轨迹，再以高斯射线追踪为基础，计算相应位置距离的传播损失值。假设某一声线在传播过程中的声压为

$$p(s,n) = A(s)\varphi(s,n)\mathrm{e}^{\mathrm{j}\omega\tau} \tag{5-2}$$

式中，ω 为圆频率；A 为沿声线方向的振幅；φ 为垂直于声线方向的影响函数；s 为沿声线方向的弧长；n 为垂直于声线中心方向的位移；τ 为沿声线的传播时间。

在柱坐标系条件下，声线传播的控制方程为[53]

$$
\begin{cases}
\dfrac{\mathrm{d}r}{\mathrm{d}s} = c\xi(s) \\[2mm]
\dfrac{\mathrm{d}\xi}{\mathrm{d}s} = -\dfrac{1}{c^2}\dfrac{\mathrm{d}c}{\mathrm{d}r} \\[2mm]
\dfrac{\mathrm{d}z}{\mathrm{d}s} = c\zeta(s) \\[2mm]
\dfrac{\mathrm{d}\zeta}{\mathrm{d}s} = -\dfrac{1}{c^2}\dfrac{\mathrm{d}c}{\mathrm{d}z}
\end{cases}
\tag{5-3}
$$

式中，r 和 z 分别为水平距离和深度；ξ 和 ζ 为与掠射角有关的两个中间变量，计算式为

$$
\begin{cases}
\xi = \dfrac{\cos\theta}{c} \\[2mm]
\zeta = \dfrac{\sin\theta}{c}
\end{cases}
\tag{5-4}
$$

上述变量的初始值为

$$
\begin{cases}
r(0) = r_s \\[2mm]
z(0) = z_s \\[2mm]
\xi(0) = \dfrac{\cos\theta_s}{c_s} \\[2mm]
\zeta(0) = \dfrac{\sin\theta_s}{c_s}
\end{cases}
\tag{5-5}
$$

式中，θ_s 为发射角度；(r_s, z_s) 为声源的初始距离和深度；c_s 为声源位置的声速值。

在射线追踪过程中，通过引入两个约束变量 u 和 v 来控制高斯射线束的能量分布，可表示为

$$
\begin{cases}
\dfrac{\mathrm{d}v}{\mathrm{d}s} = cu(s) \\[2mm]
\dfrac{\mathrm{d}u}{\mathrm{d}s} = -\dfrac{c_{nn}}{c^2(s)}v(s)
\end{cases}
\tag{5-6}
$$

式中，c_{nn} 为垂直于声线方向的二阶微分。由此，φ、A 可表示为高斯声线宽度 W 的函数。

$$
\varphi(n,s) = \exp\left[-\left(\frac{n}{W}\right)^2\right]
\tag{5-7}
$$

$$
A(s) = \frac{1}{(2\pi)^{1/4}}\sqrt{\frac{c}{c(0)}\frac{\delta\alpha}{r}\frac{2\cos\alpha}{\frac{v(s)\delta\alpha}{c(0)}}}
\tag{5-8}
$$

式中，$\delta\alpha$ 为临近声线夹角的微分。

传播时间 τ 可表示为声速倒数沿着声线曲线的积分。

$$\tau(s) = \tau(0) = \int_0^s \frac{1}{c(s')} ds' \qquad (5-9)$$

在计算声压场时需要将以声线为中心的声压 $p_j(s,n)$ 转化为柱坐标系下的声压 $p_j(r,z)$，最终的声场由不同声线携带能量的叠加确定。声能叠加可采用非相干、半相干或相干的方法计算。若采用相干声压场的计算方法，声压 p_c 为

$$p_c(r,z) = \sum_{j=1}^N p_j(r,z) \qquad (5-10)$$

式中，N 为特征声线的个数。

若采用半相干和非相干的计算方法，则声压 p_s 为

$$p_s(r,z) = \left[\sum_{j=1}^N 2 \sin^2\left(\frac{\omega z_0 \sin\theta}{c_0}\right) |p_j(r,z)|^2 \right]^{-1} \qquad (5-11)$$

式中，$2\sin^2\left(\dfrac{\omega z_0 \sin\theta}{c_0}\right)$ 为与掠射角 θ 有关的声线振幅的权重函数；N 为特征声线的个数；z_0 和 c_0 分别为声源处的深度和声速。

这样，最终的传播损失 TL 可表示为

$$\text{TL} = 20 \lg \left| \frac{p_{c,s}(r,z)}{p_{c,s}(1,z)} \right| \qquad (5-12)$$

5.2.2　背景噪声模型

海洋中总存在背景噪声，这种噪声与潮汐、海浪、海流、风、雨、地震、热噪声、生物、航船、工业等多种因素有关。海洋中某一点的声场，应为声源传播至该点的强度与背景噪声的叠加。文献［54］给出以下背景噪声的经验公式，即

$$\text{NL} = 10 \lg f^{-1.7} + 6S + 55 \qquad (5-13)$$

式中，f 为频率（kHz）；S 为海况等级（$S = 0, 1, \cdots, 9$）。

沿岸近海特别是繁忙的港口和航道，背景噪声情况复杂，变化很大，故上述公式仅供参考。

5.2.3　声源级

声源级 SL 由扫雷具性能和水雷接收频带范围决定。扫雷具声源的频率范围通常较宽，而水雷常接收某个较窄频带内的声波。在这种情况下，首先要确定水雷所接收频带内的扫雷声源级，再按相应公式计算。对频谱平坦或频带较窄的情况，可按下式计算，即

$$SL = SL_0 + 10\lg(\Delta f) \qquad (5-14)$$

式中，SL_0 为频带中心频率的谱级，可从频谱图上获得；Δf 为频带宽度（Hz）。

5.2.4　指向性指数

声源指向性指数为声源某方向一定距离处的声强与同距离上平均强度（即无方向性声源在该距离处的强度）之比，取对数并以 dB 为单位。显然，无指向性时指向性指数恒为 0。指向性指数建立在整个空间中，扫雷具声源通常给出水平面指向性指数，实际扫雷中所关心的则是接近海面的声源斜传至海底的方向。考虑到声场传播范围较大，通常直接用扫雷具水平面指向性指数进行计算。

指向性不明显的声扫雷具，声源指向性指数可取 DI = 0。有明显指向性的扫雷具，可根据实际给出水平指向性指数。扫雷时声源接近海面，声波斜传至海底，考虑声场传播范围较大，而水雷深度相对不大，可直接用水平指向性指数进行计算。对水面舰艇扫雷，在考虑本舰安全性时，必须使用扫雷具声源指向舰船的方向。对直升机扫雷，则不存在这一问题。

|5.3　扫雷宽度的动态调整|

5.3.1　扫雷声场有效范围

扫雷具发声器一般方向性不明显，其声场近似为圆形，故只要确定传播距离，便可根据水雷动作延迟时间和扫雷速度，确定其有效扫雷宽度。

当计算出的声强 S 小于水雷声灵敏度 DT 时，水雷将不能扫动。若取 $S =$ DT 代入声强计算公式，反求出传播损失 TL 对应的距离，可得到水雷动作的最大距离，进而求得扫雷宽度。

已知水雷声灵敏度和声源级，根据前述水声传播原理，有

$$TL = SL - NL - DT \qquad (5-15)$$

声源级 SL 可根据扫雷具性能和水雷接收频带确定，DT 为水雷灵敏度，单位为 dB。求出 TL 后，可根据 BELLHOP 模型解出距离 r。

如果水雷灵敏度未知，可根据被保护目标确定 DT。相关文献给出的客船、运输船和军舰的辐射噪声级经验公式为

$$SL = 60\lg V + 9\lg T - 20\lg F + 35 \qquad (5-16)$$

式中，V 为航速（kn）；T 为吨位（t）；F 为频率（kHz）。

式（5-16）求出的是某一频率下的声源级，如果水雷接收频带较窄，则相应的声带级可按式（5-16）求出，而式（5-16）中的 F 应为频带的中心频率。求出 SL 后，根据式（5-11），用水深代替式中的 r，求出舰船正下方水深处最大声级，以此作为 DT 值，再计算扫雷具的清扫宽度。

必须说明，在不同文献中给出了多种舰船辐射噪声经验公式，其计算结果有一定出入，且与实测值之间均存在 5 dB 左右的误差，使用中应加以注意。

此外，还需要注意的是，式（5-16）所求出的是绝对声级，如果水雷引信的灵敏度与背景噪声相关，还需要考虑背景噪声 NL 与水雷灵敏度 DT 之间的关系。

5.3.2 清扫宽度

声扫雷具常用的工作方式有两种：一种是恒值工作；另一种是脉冲工作。恒值工作时，发声器恒定发出声波，所形成的声场频谱固定不变，幅值按声传播规律衰减。恒值工作形成的声场情况与舰船情况类似，是较为常用的工作制。脉冲工作典型波形为直角梯形，包括低值、增长、满值、制动等发声阶段，主要针对扫除可检测较大变化率（针对高速目标）的水雷声引信。

确定声场的分布范围后，根据水雷动作长度，便可求得扫雷宽度，具体方法与前述磁场扫雷宽度相同。假设声扫雷具声场等强线为一组同心圆，水雷引信检测声压变化率时，通常要求声压在一定时间内增大至某一值，故动作范围要增加时间限制，使扫雷宽度与扫雷速度有关。如图 5-3 所示，必须保证水雷从启动等强线至动作等强线之间的时间符合引信要求。已知 L 长度时，作内接矩形，便可得到扫雷宽度，如图 5-3 所示。

在扫雷过程中，假设声扫雷具声场等强线为一组同心圆，由于随机因素、背景噪声及人为因素等干扰，水雷进入声场区后需要经过一段时间才能被发现，延迟时间取决于水雷引信和海底地质地形等因素。当水雷和任务区都确定时，延迟时间服从某种统计分布，假定其平均时间为 t，则在这段时间内，直升机前进的距离为速度与时间的乘积，即：

$$L = Vt$$

式中，V 为直升机扫雷速度。

以扫雷具声源所在位置为原点，沿扫雷具纵轴为 x 轴，右正横为 y 轴，向下为 z 轴建立坐标系，如图 5-3 所示。

由几何关系可知，声扫雷具有效作用距离 r 应满足

$$r^2 = \left(\frac{L}{2}\right)^2 + \left(\frac{B}{2}\right)^2 \tag{5-17}$$

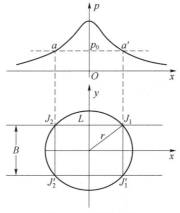

图 5-3　声扫宽度

整理可得扫雷宽度为

$$B = \sqrt{4r^2 - L^2} \qquad (5-18)$$

|5.4　线路间隔的动态选取|

声扫方式下直升机扫雷线路间隔的配置方法，与磁扫方式下直升机扫雷线路间隔的配置方法相同，具体见 4.4.3 小节。

|5.5　直升机扫雷速度的动态确定|

声扫方式下直升机扫雷速度的动态确定方法，与磁扫方式下直升机扫雷速度的动态确定方法相同。即在扫雷作战中，应充分发挥直升机机动性的特点，在扫雷作业转入下一条航路时，应根据扫雷宽度、扫雷速度和扫雷效率之间的相互影响变化，给出每条航路最优的扫雷速度。

|5.6　扫雷效率|

衡量扫雷效率的指标是单位时间内扫过的面积，即扫雷宽度与扫雷速度的乘积[27]。由于扫雷速度与扫雷长度成正比，而扫雷速度增大时又会导致扫雷宽度减小，这使其乘积的变化情况不确定。故在确定扫雷具通电方式后，需要分别计算不同速度下的扫雷效率，选择最佳扫雷速度。

若做更精确的考虑，因扫雷过程中相邻扫雷带必须重叠，因此实际扫雷效率应为扫雷宽度减去重叠宽度，再与扫雷速度相乘而得。

根据搜扫线路配置方法的不同，可确定不同的重叠宽度。如采用清扫法，重叠宽度为 2 倍航线位置均方误差，设其为 $2E$，则下一条搜扫线路的坐标为

$$x_k = x_{k-1} + \frac{B_{k-1} + B_k}{2} - 2E \qquad (5-19)$$

式中，E 为航线位置均方误差；B_k 为每条航路在一固定速度下相应的扫雷宽度，可由式（5-2）至式（5-18）计算出，且 $B_k = \min\ (B_k^l + B_k^r)$。取不同的步长，可计算出每条航路在不同速度下的扫雷宽度 $B_k(i)$。

直升机拖曳扫雷具扫雷时，扫雷效率为

$$Q = (B - 2E) \cdot V \qquad (5-20)$$

每条航路目标函数为

$$\max(Q) = \max\left\{[B_k(i) - 2E] \cdot V(i)\right\} \qquad (5-21)$$

利用计算机对式（5-21）依次循环求解，可优化出每条航路的直升机扫雷速度和扫雷宽度。

由于未知下一搜扫线路，在此，参考 L_i 扫雷宽度可给出 L_{i+1} 航路的估计航线，即 L_{i+1} 航路的估计航线由 L_i 扫雷线路确定，进而可给出 L_{i+1} 航路的参考水深。由于估计航线和实际航线水深值差别不大，因此，可以以估计航线水深作为实际航线水深值，由此所确定的 L_{i+1} 扫雷线路的配置情况为

$$L_{i+1} - \max(C_{i+1}^l) = W_{i+1}^l \qquad (5-22)$$

$$\min(C_{i+1}^l) - L_{i+1} = W_{i+1}^r \qquad (5-23)$$

$$B_{i+1} = \min(C_{i+1}^l) + \min(C_{i+1}^r) \qquad (5-24)$$

其中，第一条扫雷线路选择指定水域的长边界线，即 $L_1 = 0$，参见图 2-1 和图 2-5。如果最后一条扫雷线路未能完全覆盖指定清扫水域，则可以对边界进行补充扫雷。

|5.7　仿真与分析|

以国外某型直升机拖曳扫雷具为例，采用以下资料数据进行仿真计算：使用某型直升机拖曳声扫雷具扫除海域内所布某型水雷，扫雷具定深 3 m。图 5-4所示为扫雷具声谱图。

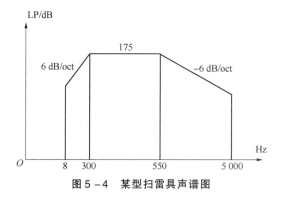

图5-4　某型扫雷具声谱图

声频扫雷具工作频率范围为8～5 000 Hz；水雷音频引信工作范围为80～2 000 Hz，灵敏度为120 dB，水雷延迟时间取典型值27 s，直升机航速为20 kn（10.3 m/s）。

5.7.1　海洋环境对扫雷具性能的影响

假设扫雷任务海域是一块950 m×9 000 m的长方形海域。在所研究的区域内，为了仿真分析复杂海洋环境对扫雷具性能的影响，以图5-5所示的Ⅱ型声速梯度为例模拟海洋水声环境。此外，假设该海域海况为3级，泥沙底质，周边底部地势平坦，深度为80 m。同时，不考虑受到海流影响引起的扫雷具位置变动。

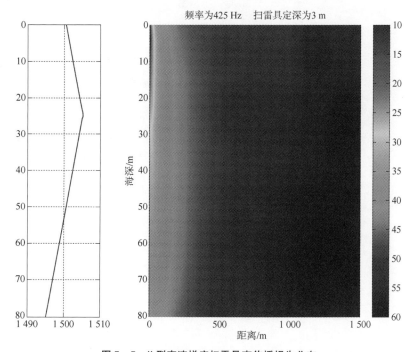

图5-5　Ⅱ型声速梯度扫雷具声传播损失分布

首先利用 BELLHOP 模型计算扫雷具定深 3 m 时的非相干传播损失值，如图 5 – 5 所示。从图中可以看出，由于存在负跃层，海水中下层传播损失值相对较大。

求出 TL 后，可根据 BELLHOP 模型解出声扫雷具有效作用距离 r。

根据式（5 – 17），则单侧扫雷宽度计算结果如图 5 – 6 所示。

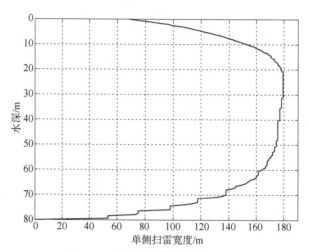

图 5 – 6 Ⅱ型声速梯度单侧扫雷宽度

1. 声速梯度类型对扫雷宽度的影响

其余仿真条件不变，比对分析不同声速梯度类型时，定深 3 m 的声扫雷具对水雷的扫雷宽度变化，计算结果如图 5 – 7 至图 5 – 11 所示。

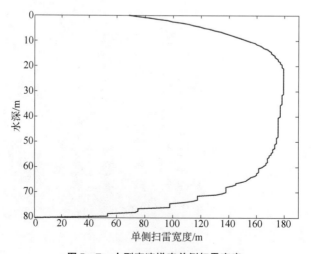

图 5 – 7 Ⅰ型声速梯度单侧扫雷宽度

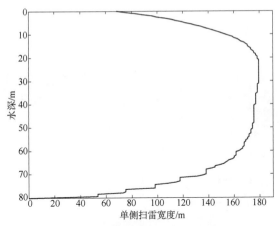

图 5-8　Ⅲ型声速梯度单侧扫雷宽度

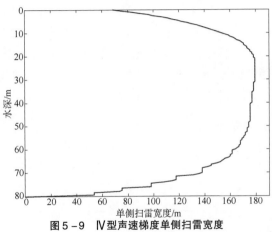

图 5-9　Ⅳ型声速梯度单侧扫雷宽度

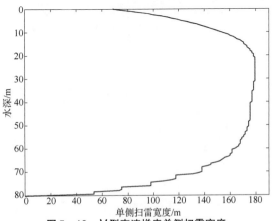

图 5-10　Ⅴ型声速梯度单侧扫雷宽度

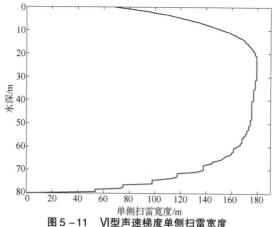

图 5-11 Ⅵ型声速梯度单侧扫雷宽度

从图中对比可以看出，不同声速梯度下，声扫雷具的扫雷宽度随海区深度的变化趋势较一致，并且声速梯度类型对扫雷宽度的影响不大；而海区深度（即水雷所处深度）对声扫雷具扫雷宽度的影响较大。从图中可见，在水深 20~30 m 的浅水区，扫雷宽度达到最大，这也符合扫雷作战的实际情况。因此，20~30 m 的水深正是适合直升机拖曳扫雷具发挥扫雷能力的深度。

2. 海况对扫雷宽度的影响

其余仿真条件不变，比对分析不同海况等级对声扫雷具扫雷宽度的影响程度，得到结果如图 5-12 所示。

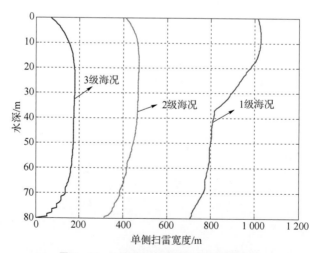

图 5-12 不同海况等级声扫雷具扫雷宽度

从图 5-12 中可以看出，海况对扫雷宽度的影响较大，海况等级跨度越大，扫雷具有效作用距离衰减越大，扫雷宽度越小。在海况等级较高（3 级以上海况）时，扫雷宽度迅速减小。因此，必须根据战场环境选择合理的扫雷宽度实施扫雷作战，以发挥声扫雷具的最佳扫雷性能。

5.7.2　直升机速度对扫雷宽度的影响

其余仿真条件不变，对比分析直升机不同飞行航速对扫雷宽度的影响程度。直升机飞行航速在 15 kn、20 kn、23 kn 和 25 kn 时，对声频水雷扫雷宽度的计算结果如图 5 – 13 所示。

从图 5 – 13 中可以看出，直升机不同飞行航速时的声扫雷具扫雷宽度相差很大。这主要是由于随着直升机航速的增加，在扫雷长度确定的前提下，扫雷宽度会变小。这与理论分析完全相符。

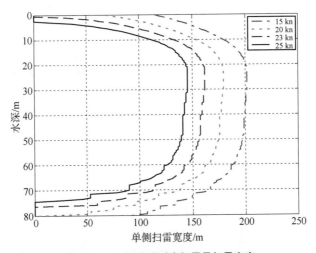

图 5 – 13　不同航速时声扫雷具扫雷宽度

5.7.3　声扫雷具性能仿真结果分析

对上述仿真结果进行分析，可以看出以下几点。

（1）声扫雷具扫雷宽度受到水雷引信类型、水雷灵敏度、海洋环境以及直升机飞行航速等因素的影响。因此，在扫雷作战中，必须根据战场环境和敌我态势选择合理的扫雷宽度，以发挥声扫雷具的最佳扫雷性能。

（2）由于海洋环境的影响，扫雷宽度在深度上分布不均匀，水雷所处深度对声扫雷具扫雷宽度影响较大，尤其是在水深小于 20 m 的浅水区扫雷时，扫雷宽度随水深的变化较大。同时，当海区存在温度跃变层时，针对跃层下方的水雷，有效搜扫宽度受到削弱。当跃层下方负梯度数值较大时，扫雷宽度将急剧下降，甚至降为 0。因此，在扫雷作战中，海洋环境是不可或缺的考虑因素。

5.7.4 直升机扫雷航路动态优化效果分析

1. 水深和航速对扫雷宽度的综合影响

其余仿真条件不变，比对分析直升机不同飞行航速及不同海深时的扫雷宽度变化，结果见表 5-1。从计算结果可以看出，在同一水深下，直升机扫雷宽度随着直升机航速的增加逐渐减小，这主要是由于随着直升机航速的增加，扫雷长度变大，相应的扫雷宽度会变小。

而在直升机飞行航速不变的情况下，扫雷宽度的变化趋势随着水深的增大先增大后减小。这主要与不同水声环境下声传播损失随深度的变化有关。因此，在扫雷作战过程中，应结合水深和海洋环境合理确定扫雷宽度，并合理选择直升机扫雷航速。

表 5-1　水深和航速对扫雷宽度的影响

水深/m 一侧扫宽/m 航速/kn	10	20	30	40	50	60	70
15	179.006 7	200.674 9	201.800 4	199.548 0	197.290 1	188.200 4	166.163 8
16	174.655 9	196.803 7	197.951 2	195.654 5	193.351 2	184.067 1	161.467 3
17	169.986 7	192.672 0	193.844 0	191.498 0	189.144 1	179.642 7	156.404 9
18	164.989 4	188.277 7	189.476 9	187.076 2	184.665 9	174.921 4	150.958 6
19	159.539 1	183.520 3	184.750 4	182.287 4	179.813 0	169.790 2	144.981 8
20	153.343 1	178.160 3	179.427 1	176.890 1	174.339 0	163.982 0	138.134 3
21	146.940 0	172.679 9	173.986 7	171.369 1	168.734 6	158.010 6	130.989 9
22	139.624 7	166.499 4	167.854 2	165.139 5	162.404 0	151.231 8	122.727 5
23	132.183 6	160.310 7	161.717 4	158.897 8	156.052 9	144.390 1	114.190 7
24	122.685 7	152.573 8	154.051 2	151.088 6	148.093 8	135.748 9	103.047 4
25	111.896 3	144.040 9	145.604 9	142.466 8	139.286 7	126.082 4	89.932 1

2. 直升机航速的优化选择

其余仿真条件不变，对比分析直升机不同飞行航速及不同海深时的扫雷效率，得到表 5-2 和图 5-14。

表 5 - 2　扫雷效率

扫雷效率/(m²·s⁻¹) 航速/kn \ 水深/m	10	20	30	40	50	60	70
15	2 685.1	3 010.1	3 027.0	2 993.2	2 959.4	2 823.0	2 492.5
16	2 794.5	3 148.9	3 167.2	3 130.5	3 093.6	2 945.1	2 583.5
17	2 889.8	3 275.4	3 295.3	3 255.5	3 215.4	3 053.9	2 658.9
18	2 969.8	3 389.0	3 410.6	3 367.4	3 324.0	3 148.6	2 717.3
19	3 031.2	3 486.9	3 510.3	3 463.5	3 416.4	3 226.0	2 754.7
20	3 066.9	3 563.2	3 588.5	3 537.8	3 486.8	3 279.6	2 762.7
21	3 085.7	3 626.3	3 653.7	3 598.8	3 543.4	3 318.2	2 750.8
22	3 071.7	3 663.0	3 692.8	3 633.1	3 572.9	3 327.1	2 700.0
23	3 040.2	3 687.1	3 719.5	3 654.6	3 589.2	3 321.0	2 626.4
24	2 944.5	3 661.8	3 697.2	3 626.1	3 554.3	3 258.0	2 473.1
25	2 797.4	3 601.0	3 640.1	3 561.7	3 482.2	3 152.1	2 248.3

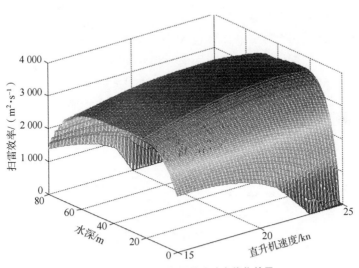

图 5 - 14　直升机扫雷航路动态优化效果

　　分析相关数据可以看出，随着直升机航速的增加，扫雷效率变化有起伏。这主要是因为随着直升机航速的增加，扫雷宽度会变小，导致扫雷效率变化存在起伏。由仿真数据可知，水雷 10 m 深时，最大扫雷效率值为 3 085.7 m²/s，此时直升机飞行速度为 21 kn；水雷 20 m 深时，最大扫雷效率值为 3 687.1 m²/s，此时直升机飞行速度为 23 kn；水雷 70 m 深时，最大扫雷效率值为 2 762.7 m²/s，此时直升机飞行速度为 20 kn。因此，直升机扫除单一声引信水雷时，可根据雷区水雷实际情况合理选择直升机飞行航速，以最大可能提高扫雷效率。

|5.8 声磁联合方式下直升机扫雷航路动态优化方法|

5.8.1 联合引信类型[68]

联合引信需要两个或两个以上的舰船物理场，或一个物理场的几个不同的参量，才能引爆水雷。简单地说，联合引信由两个或两个以上的单一引信组合而成。采用联合引信的目的，是为了发挥各种引信的优点，相互取长补短，增强水雷抗扫性。

联合引信的基本形式包括串联式、并联式和混联式。

1. 串联式联合引信

串联式联合引信是指各引信必须按规定的先后次序动作。串联式联合引信由值更引信和战斗引信组成。水雷进入战斗状态以后，一直处于值更状态并控制战斗引信动作的引信，叫作值更引信。和发火装置相连并在值更引信动作以后才能动作的引信，叫作战斗引信。图 5-15 以方框图的形式描述了串联式联合引信的结构组成。图中的值更接收系统包括值更接收器和放大器；战斗接收系统包括战斗接收器和放大器；执行系统包括执行电路和辅助电路等。

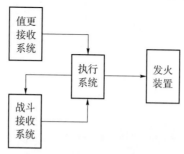

图 5-15 串联式联合引信组成框图

当值更接收系统接收到舰船信号后，使执行系统工作。执行系统执行接通战斗接收系统电路任务，使战斗接收系统开始工作。当战斗接收系统接收到舰船信号后，再通过执行系统、控制发火装置起爆引信。由于战斗接收系统是在值更接收系统动作以后才工作的，所以工作时间较短，这就为耗能较大的接收系统用作战斗接收系统提供了可能性。

在串联式联合引信中，要求值更接收系统的作用半径要大、耗能要小、抗干扰能力要强，要求战斗接收系统的动作区域性要好。

2. 并联式联合引信

并联式联合引信是指，在联合引信中每个接收系统都独立地进行工作，互不影响，只有在它们都接收到舰船信号后，执行电路才能使发火装置起爆。它的组成框图如图 5 – 16 所示。

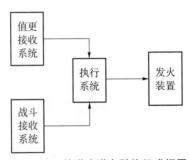

图 5 – 16　并联式联合引信组成框图

并联式联合引信，可以充分利用舰船物理场，爆炸位置选择性好；但它要求每个接收系统都不可耗能太大，并都应具有较好的抗干扰性能。

3. 混联式联合引信

混联式联合引信由串联式、并联式引申而来。图 5 – 17 描述的是一个"串—并联"的混联式联合引信框图。当值更接收系统接收到舰船信号后，启动执行系统，执行系统使两个战斗接收系统工作；在两个战斗接收系统都接收到舰船信号后，执行系统才能

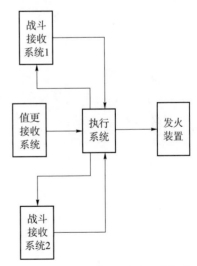

图 5 – 17　混联式联合引信组成框图

使发火装置起爆引信。这种混联式联合引信，平时只有值更引信工作，所以能够节约电能，战斗有效期长，同时它还具有较强的抗干扰能力和较好的爆炸区域性。

5.8.2　动态优化方法

一般情况下，在声磁联合扫雷具总体设计时，均考虑将声扫方式的扫雷宽度设计得比磁扫方式大，这在技术上也更容易实现。因此，对声磁联合引信水雷，只要从原则上确定了磁扫宽度，也就确定了联合扫雷宽度。对声扫宽度无更多要求，只要能确定其比磁扫宽度大即可。

此外，由4.5节和5.7节仿真结果可知，在同样的水深条件下，声扫宽度均大于磁扫宽度，这是因为声场的作用范围比磁场作用范围要大。因此，根据"最不利原则"，针对扫除声磁联合引信水雷，直升机扫雷航路动态优化过程中，扫雷宽度和扫雷航速的确定，可参考第4章中的磁扫方式下直升机扫雷航路动态优化过程，这里不再赘述。

|5.9　本章小结|

本章在第4章提出的直升机扫雷航路动态优化原理的基础上，针对声引信水雷详细分析了影响声扫雷具工作性能的海洋环境要素；运用BELLHOP射线理论和声呐方程，进行了声扫雷具扫雷宽度的计算；通过仿真分析，研究了声速梯度类型、海况和直升机扫雷航速对扫雷宽度的影响；在扫雷宽度影响因素分析的基础上，给出了直升机声扫方式下扫雷航路动态优化方法，并通过仿真进行验证。此外，对声磁联合方式下直升机扫雷航路动态优化方法也进行了研究。本章研究结果为在后续章节中开展声扫方式下和声磁联合方式下的直升机扫雷作战决策研究提供了依据。

第 6 章

直升机扫雷作战效果评估模型

　　扫雷作战效果评估是反水雷战术的重要组成部分。根据评估出发点和评估目标的不同，作战效果评估问题分为效果预测、实时评估和综合效能评估3个研究方向。效果预测技术主要用于制订扫雷作战计划，该技术立足于战前情报，结合环境条件和我方兵力特性，追求作战效果的正确预测。综合效能评估考察某种反水雷手段或装备的综合能力，多用于技术手段和装备的选型决策。而实时评估技术则立足于扫雷实施过程，根据作战记录数据分析实际效果和剩余危险，为下一步行动提供依据，并可判断我方作战能力发挥程度，及时修正能力指数。由于预测技术无法解决战前情报缺失或错误带来的偏差，因此实时评估具有重要意义，可以迅速、准确地发现问题，以便采取适当对策。实时评估能够动态优化作战过程，构成闭环作战模式，能够更加有效地控制作战效果。

　　本章将在第4章和第5章扫雷实施过程中扫雷航路动态优化的基础上，对扫雷效果实时评估技术开展研究。通过全面考虑扫雷作战效果评估需求和已知条件，在深入分析扫雷作战过程本质和具体实施过程的基础上，结合虚拟噪声补偿技术对直升机扫雷作战过程进行建模，并采用鲁棒卡尔曼滤波技术对直升机扫雷作战效果进行评估。

|6.1　扫雷作战效果评估概述|

6.1.1　扫雷作战效果评估定义

　　扫雷作战效果评估是指在反水雷作战中，针对可清除水雷所作的分析。反水雷武器扫雷作战效果的主要描述指标包括对适用水雷的清除能力、清除比例、剩余数量、定次分布、清除效率以及各种与扫雷作战有关的数据与情况。

作战效果评估只针对那些能被扫雷装备发现的水雷，即所谓"适用水雷"。例如，在使用声扫雷具扫雷作战时，对磁引信水雷进行作战效果评估是没有任何意义的。由于声扫雷具不可能扫动磁引信水雷，因此无论是在扫雷作业前还是在扫雷作业后，对声扫雷具扫动磁引信水雷进行作战效果评估，其结果都是一样的。如果雷区内有声引信水雷和水压引信水雷各 10 枚，使用声扫雷具经过一定时间的扫雷作业后，10 枚声引信水雷均被清除，则从声扫雷具作战效果评估的角度看，清除比例为 100%，剩余水雷为 0。而实际上，雷区还有 10 枚水压引信水雷。

在扫雷作战过程中，能否对作战效果进行准确评估判断至关重要。对清除雷障来说，即使水雷未被完全清除，只要通过作战效果评估，对障碍区水雷情况有了准确了解，水雷威胁也会下降。但如果作战效果评估误差较大，一种情况是在水雷未清扫完毕的情况下，却提前认为水雷已被清除干净，则可能给通航舰船造成损失；另一种情况是在水雷已清扫完毕的情况下，仍然认为有水雷存在，则会浪费时间贻误战机，并造成扫雷兵力浪费。因此，对水雷的清除程度从某种意义上说并非扫雷作战效果评估的关键点，而能否准确判断清除程度却格外重要，这就对能否准确进行扫雷作战效果评估提出了要求[30]。

随着水雷技术的迅速发展，如何进一步提高反水雷作战效果评估能力，以对付不断出现的新型装备，适应瞬息万变的战场态势，提高作战适应性，已成为反水雷作战中迫切需要解决的问题之一。

6.1.2　扫雷作战效果评估方法

目前，扫雷作战效果评估多采用经验评估方法。它利用已有的调查、试验或实战数据，结合作战情况实现评估，准确性较高。然而，经验评估方法必须以完备的数据库和强大的数据处理能力为基础，在数据完备性和设备性能方面具有相当高的要求。但是，战场态势瞬息万变，无论数据多么丰富，仍然有不能满足作战需要的情况。这一方面是出于保密的原因，对敌方水雷的性能不能做到准确了解；另一方面即便对敌方水雷性能有所了解，敌方在布设水雷时能够任意选择水雷引信工作参数，而这是不可预测的随机因素，直接影响作战效果评估结果。此外，经验评估方法往往依赖庞大的数据库和高性能的计算机网络，难以直接移植于水雷直升机上，不能直接使用。实际上，这种系统通常都以共享系统的形式建立在岸上。实际扫雷作战中，导致对通信系统依赖性过大，一旦通信中断或数据库受损，则扫雷作业必须停止。因此，经验评估方法实时性和生命力不强。

针对经验评估方法的弱点，必须摆脱对历史数据资料的依赖性，能够通过实际扫雷作战过程中获得的各种数据，实现作战效果的实时评估。

要实现扫雷作战效果的实时评估，有两类方法可供考虑，即统计类评估和智能评估。统计类评估技术从概率统计的角度，对系统建立随机模型，通过对观测数据的处理，获得评估对象的估计值，较为典型的有数理统计、最小二乘、卡尔曼滤波和时间序列等。智能评估技术则模仿人的思维过程，利用知识系统或神经工作方式完成评估工作。这类技术中较为常见的有模糊理论、专家系统、神经网络等。

然而，智能评估技术的应用还不够成熟，如采用人工神经网络进行评估时，网络训练需要大量的训练样本数据，用于完成神经网络训练的样本数据必须充分可靠。为了保证所得到的人工神经网络能够符合实际情况，训练样本数据应来自试验或实战。但实际应用时，却常常会出现试验或实战数据不足，而通过仿真方法建立的神经网络是不能满足实际使用需要的。并且智能评估技术中，各种方法采用的手段差别极大。因此，本节所讨论的扫雷作战效果建模问题，采用统计类评估技术，根据评估对象和评估方法的要求，结合实际情况，对扫雷作战过程建立数学模型。

|6.2 直升机扫雷作战过程建模及效果评估|

在实际的扫雷作战中，作战效果评估是衡量反水雷作战成功与否的唯一标准。研究扫雷作战效果评估问题，第一，必须建立扫雷作战过程数学模型。在这项工作中，必须全面考虑评估需求、已知条件和评估手段，深入了解作战过程的本质和具体过程，在合理简化的基础上实现数学抽象，得到作战过程最基本的规律。第二，必须针对模型及相应的观测数据，提出可靠的评估方法[30]。将复杂的扫雷作战过程与现代最先进的理论算法联系起来，可以充分利用这些理论成果，使扫雷作战效果评估方法上升到理论高度，获得更加准确的评估结论。

扫雷作战效果评估问题，归根到底是误差处理问题。扫雷作战过程中涉及的数据很多，而每个数据都多少存在误差，其中既有系统性的又有随机性的。如果所有数据的误差情况都分别考虑，最终将导致评估模型过于复杂，其稳定性、可靠性都难以得到充分保证，因此必须对其进行简化。但如果模型过于简化，必然导致评估结果不切实际，使评估失去意义。本书考虑带未建模动态（即带未知模型误差）系统的自适应卡尔曼滤波问题，相应的自适应卡尔曼滤波器叫作鲁棒卡尔曼滤波器。采用改进滤波器性能的虚拟噪声补偿技术，通过引入带未知时变均值和方差阵的虚拟白噪声，来补偿扫雷作战数学模型建立过程中因模型简化带来的未知模型误差，对扫雷作战过程建模，并采用相应的卡尔曼滤波器对作战效果进行评估。

6.2.1　基于鲁棒卡尔曼滤波的扫雷作战过程建模

根据评估方法的不同，可以对扫雷作战过程建立不同的数学模型。统计类评估技术从概率统计的角度，通过对观测数据的处理，获得评估对象的估计值。在这类技术中，必须对系统建立随机模型，以便对观测数据进行处理。文献 [30] 建立了以下扫雷作战过程数学模型，即

$$\begin{cases} x(t+1) = \boldsymbol{\Phi}x(t) + \boldsymbol{\Gamma}w(t) \\ y(t) = \boldsymbol{H}x(t) + v(t) \end{cases} \tag{6-1}$$

其中：$\boldsymbol{\Phi} = \begin{bmatrix} 1-p & p & 0 & \cdots & 0 \\ 0 & 1-p & p & \cdots & 0 \\ \vdots & \vdots & \vdots & & \vdots \\ 0 & 0 & 0 & \cdots & p \\ 0 & 0 & 0 & \cdots & 1-p \end{bmatrix}, \boldsymbol{\Gamma} = \begin{bmatrix} 1 & 1 & 0 & \cdots & 0 \\ 0 & 1 & 1 & \cdots & 0 \\ \vdots & \vdots & \vdots & & \vdots \\ 0 & 0 & 0 & \cdots & 1 \\ 0 & 0 & 0 & \cdots & 1 \end{bmatrix}, \boldsymbol{H} = (p\ 0\cdots 0)$，状态

$x(t) \in R^n$，观测 $y(t) \in R^m$，$w(t) \in R^y$ 和 $v(t) \in R^m$ 是零均值、方差阵相互独立的白噪声。

上述模型中，$\boldsymbol{x}(t) = (x_0^t, x_1^t, \cdots, x_n^t)^{\mathrm{T}}$ 为经过搜扫工具 t 次作用后，雷区内的水雷状态。各分量 x_k^t 为作用 t 次后、定次为 k 次的水雷数量，n 为水雷最大定次数。两个系数矩阵 $\boldsymbol{\Phi}$、$\boldsymbol{H}$ 可由扫雷概率 p 确定。

然而，扫雷作战过程中需要考虑的因素很多，涉及的每个数据都多少存在误差。上述模型在采用最优卡尔曼滤波器进行作战效果评估时，虽然带来了计算的方便，但由于建模过程的简化，直接导致评估结果由最优退化为次优。众所周知，最优卡尔曼滤波器要求精确已知系统的模型（包括噪声统计），然而在许多实际应用问题中模型常常是近似的、带有未知误差的[57-58]。这种未知的模型误差叫作未建模动态，它是相对于假设存在系统的一个精确的模型而言的。带未建模动态系统的自适应卡尔曼滤波器称为鲁棒卡尔曼滤波器，具有重要的工程应用价值。未建模动态可能来源于对系统的机理没有完全掌握，或由于简化模型带来的未知模型误差，或由于系统（过程）的时变性引起模型参数和噪声统计的未知漂移。

考虑在一般状态空间模型中，状态转移阵和观测阵两者均含有未知模型误差的情形，通过引入带未知时变噪声统计的虚拟噪声来补偿模型误差，把问题归结为带

未知时变噪声统计系统的自适应卡尔曼滤波问题，利用时变噪声统计估值器，采用带未建模动态系统的一种统一和通用的鲁棒卡尔曼滤波技术——虚拟噪声补偿技术，对扫雷作战过程建模[58]。结合鲁棒卡尔曼滤波技术，改进的扫雷作战过程数学模型建立过程如下。

参考式（6－1），扫雷作战过程为线性离散随机系统，有

$$\begin{cases} x(t+1) = \boldsymbol{\Phi}(t)x(t) + \boldsymbol{\Gamma}(t)w(t) \\ y(t) = \boldsymbol{H}(t)x(t) + v(t) \end{cases} \tag{6-2}$$

式中，状态 $x(t) \in R^n$；观测 $y(t) \in R^m$；$\boldsymbol{\Phi}(t)$、$\boldsymbol{\Gamma}(t)$ 和 $\boldsymbol{H}(t)$ 为已知矩阵，$w(t) \in R^r$ 和 $v(t) \in R^m$ 是零均值、方差阵相互独立的白噪声，并有

$$Ew(t) = q(t)，\mathrm{cov}[w(t),w(j)] = Q_0(t)\delta_{ij}，Ev(t) = r(t)，\mathrm{cov}[v(t),v(j)] = R_0(t)\delta_{ij}$$

假设系统是带未知模型误差系统，即真实系统不是式（6－2），而是

$$\begin{cases} x(t+1) = (\boldsymbol{\Phi}(t) + \Delta\boldsymbol{\Phi}(t))x(t) + \boldsymbol{\Gamma}(t)w(t) \\ y(t) = (\boldsymbol{H}(t) + \Delta\boldsymbol{H}(t))x(t) + v(t) \end{cases} \tag{6-3}$$

式中，状态转移阵 $\boldsymbol{\Phi}(t)$ 的误差 $\Delta\boldsymbol{\Phi}(t)$ 和观测阵 $\boldsymbol{H}(t)$ 的误差 $\Delta\boldsymbol{H}(t)$ 是未知的，但 $\boldsymbol{\Phi}(t)$ 和 $\boldsymbol{H}(t)$ 是已知的。因此，即使噪声统计是已知的，对带模型误差系统进行常规卡尔曼滤波也会使滤波器性能变坏。为了补偿模型误差，将真实系统改写为

$$\begin{cases} x(t+1) = \boldsymbol{\Phi}(t)x(t) + \xi(t) \\ y(t) = \boldsymbol{H}(t)x(t) + \eta(t) \end{cases} \tag{6-4}$$

其中，定义虚拟模型噪声 $\xi(t)$ 和虚拟观测噪声 $\eta(t)$ 分别为

$$\xi(t) = \Delta\boldsymbol{\Phi}(t)x(t) + \boldsymbol{\Gamma}(t)w(t)，\eta(t) = \Delta\boldsymbol{H}(t)x(t) + v(t)$$

虚拟噪声 $\xi(t)$ 补偿了状态模型误差 $\Delta\boldsymbol{\Phi}(t)x(t)$，虚拟噪声 $\eta(t)$ 补偿了观测方程误差 $\Delta\boldsymbol{H}(t)x(t)$。通常，模型误差项 $\Delta\boldsymbol{\Phi}(t)$、$\Delta\boldsymbol{H}(t)$ 相对于 $\boldsymbol{\Phi}(t)$、$\boldsymbol{H}(t)$ 而言是较小的，因此，可近似假设虚拟噪声 $\xi(t)$ 和 $\eta(t)$ 是带未知时变噪声统计的相互独立的白噪声，有

$$E\xi(t) = q(t)，\mathrm{cov}[\xi(t),\xi(j)] = \boldsymbol{Q}(t)，E\eta(t) = r(t)，\mathrm{cov}[\eta(t),\eta(j)] = \boldsymbol{R}(t)$$

于是，对真实系统式（6－3）的滤波问题转化为带未知时变噪声统计系统式（6－4）的自适应卡尔曼滤波问题。式（6－4）即为改进的扫雷作战过程数学模型。

6.2.2　基于鲁棒卡尔曼滤波的扫雷作战效果评估

1. 鲁棒卡尔曼滤波器方程组

在卡尔曼滤波技术中，当对模型某一部分了解不深入，存在较大模型误差，或系统模型及误差为时变时，会影响滤波精度，采用鲁棒卡尔曼滤波器可以补偿未知

模型误差。含有未建模动态 $\Delta\boldsymbol{\Phi}(t)$ 和 $\Delta\boldsymbol{H}(t)$ 的系统式（6-4）应用虚拟噪声补偿技术有以下卡尔曼滤波器[57]，即

$$\hat{x}(t+1|t+1) = \hat{x}(t+1|t) + \boldsymbol{K}(t+1)\boldsymbol{\varepsilon}(t+1)$$

$$\hat{x}(t+1|t) = \boldsymbol{\Phi}(t)\hat{x}(t|t) + \hat{q}(t)$$

$$\boldsymbol{\varepsilon}(t+1) = y(t+1) - \boldsymbol{H}(t+1)\hat{x}(t+1|t) - \hat{r}(t)$$

$$\boldsymbol{K}(t+1) = P(t+1|t)\boldsymbol{H}^{\mathrm{T}}(t)[\boldsymbol{H}(t+1)P(t+1|t)\boldsymbol{H}^{\mathrm{T}}(t) + \hat{R}(t)]^{-1}$$

$$P(t+1|t) = \boldsymbol{\Phi}P(t|t)\boldsymbol{\Phi}^{\mathrm{T}}(t) + \boldsymbol{Q}^{\mathrm{T}}(t)$$

$$P(t+1|t+1) = [I_n - \boldsymbol{K}(t+1)\boldsymbol{H}(t+1)]P(t+1|t)$$

且

$$\hat{q}(t+1) = (1-d_t)\hat{q}(t) + d_t[\hat{x}(t+1|t+1) - \boldsymbol{\Phi}(t)\hat{x}(t|t)]$$

$$\hat{Q}(t+1) = (1-d_t)\hat{Q}(t) + d_t[\boldsymbol{K}(t+1)\boldsymbol{\varepsilon}(t+1)\boldsymbol{\varepsilon}^{\mathrm{T}}(t+1)\boldsymbol{K}^{\mathrm{T}}(t+1) + P(t+1|$$

$$1) - \boldsymbol{\Phi}(t)P(t|t)\boldsymbol{\Phi}^{\mathrm{T}}(t)]\hat{r}(t+1) = (1-d_t)\hat{r}(t) + d_t[y(t+1) - \boldsymbol{H}(t+1)\hat{x}(t+1|t)]$$

$$\hat{R}(t+1) = (1-d_t)\hat{R}(t) + d_t[\boldsymbol{\varepsilon}(t+1)\boldsymbol{\varepsilon}^{\mathrm{T}}(t+1) - \boldsymbol{H}(t+1)P(t+1|t)\boldsymbol{H}^{\mathrm{T}}(t+1)]$$

式中，T 为转置号；$d_t = (1-b)/(1-b^{t+1})$，$0 < b < 1$，b 为遗忘因子。初值为 $\hat{x}(0|0) = x_0$，$P(0|0) = P_0$，$\hat{q}(0) = q_0$，$\hat{Q}(0) = Q_0$，$\hat{r}(0) = r_0$，$\hat{R}(0) = R_0$。

上述方程组构成了一个卡尔曼滤波器。标准的卡尔曼滤波器有一个重要特点，即状态转移误差方差阵 $\boldsymbol{Q}(t)$ 在滤波器中不是常数，每次都必须重新计算。由于它受到被估计状态 x 的影响，使标准卡尔曼滤波器退化为次优的。而鲁棒卡尔曼滤波器状态转移误差方差阵 $\boldsymbol{Q}(t)$ 和 $\boldsymbol{R}(t)$ 虽然也是时变的，但虚拟噪声补偿技术补偿了未知模型误差，相对来说有可能会提高估计精度，它的性能如何，必须通过仿真试验和实际应用证明。

2. 初始条件

为使计算能正常开始，必须提供初始值 $x_{0/0}$ 和 $P_{0/0}$。通常根据历史经验和实际情况，可以确定比较合理的初始值，从而改善计算结果。但对初始值完全未知时，鲁棒卡尔曼滤波仍然可以进行，它可以根据不断取得的观测值，逐渐修正估计结果，并迅速接近真实情况。正因为如此，在工程上经常针对初始值完全未知的情况，对 $x_{0/0}$ 取 0 值，对 $P_{0/0}$ 取一个比较大的值，经过若干步计算后，初始值误差的影响将会消失。

实际搜扫过程中，每当搜扫工具对雷区完成一次作用后，便可得到一个新的观测数据，将这个新的观测数据代入上述方程组，便可由上一个 x 和 P 计算出新的 x 和 P，如此反复，x 就会逐渐逼近实际状态，从而了解目前雷区内水雷的实际状态。

6.2.3　仿真试验与结果分析

情形 1　设 $w(t)$ 的均值 $q=0$ 和方差 $Q=0.001$ 是已知的，取初值 $\hat{x}(0|0)=[30\ 0\ 0]$，$p=0.3$，采用模型式（6-1）对扫雷作战过程建模，可得最优卡尔曼滤波器 $\hat{x}_0(t|t)$。

情形 2　取带误差的模型，且取带误差的噪声统计 $q=0$，$Q=0.001$，取初值为 $\hat{x}(0|0)=[30\ 0\ 0]$，$p=0.2$，采用模型式（6-1）对扫雷作战过程建模，可得次优卡尔曼滤波器 $\hat{x}_s(t|t)$。

情形 3　取带补偿模型误差系统，采用模型式（6-4）对扫雷作战过程建模，可得鲁棒卡尔曼滤波器 $\hat{x}(t|t)$。其中 $\xi(t)$ 为带未知时变统计的虚拟白噪声，取 $\xi(t)$ 的均值和方差的初值为 $\hat{q}=0$，$\hat{Q}=0.001$，仍取 $\hat{x}(0|0)=[30\ 0\ 0]$，$p=0.3$，搜扫概率误差在 $-0.1\sim0.1$ 之间，且 $b=0.9$。

通过作战过程的仿真，得到一组观测数据和真实数据。将这组观测数据输入到滤波方程中，得到估计值。最后计算出真实状态和估计状态之间的误差。

由于本问题属于小子样估计，相同条件下的仿真结果会呈现随机变化，因此对每组不同条件，均仿真 200 组，求取其结果的均值和方差。表 6-1 列出了估计维数为 3、观测误差方差 R 为 1.5 的条件下，对不同情况进行仿真后所得到的结果。

考虑在防御布雷作战中，水雷定次不会太高。同时，考虑到扫雷概率高的情况下水雷会很快被扫除，仿真数据会迅速收敛。为了检验评估算法的有效性，故对 3 种情形采用低概率情况下的 3 种雷阵进行仿真，结果如下。

1. 雷阵 1

对于 30 枚定次为 1 次的水雷阵，最优、次优和鲁棒卡尔曼滤波与实际状况的比较见图 6-1。

2. 雷阵 2

对于 10 枚定次为 1 次的水雷 +10 枚定次为 2 次的水雷 +10 枚定次为 3 次的水雷阵，最优、次优和鲁棒卡尔曼滤波与实际状况的比较见图 6-2。

3. 雷阵 3

对于 30 枚定次为 1 次的水雷 +30 枚定次为 3 次的水雷阵，最优、次优和鲁棒卡尔曼滤波与实际状况的比较见图 6-3。

3 种评估方法对 3 个雷阵的评估误差均值统计信息列表如表 6 − 1 所示。

从仿真结果及统计信息来看，鲁棒卡尔曼滤波器 $\hat{x}(t|t)$ 比最优滤波器 $\hat{x}_0(t|t)$ 性能更优，滤波精度更高，能很好地跟踪状态 $x(t)$ 的变化；而次优卡尔曼滤波器 $\hat{x}_s(t|t)$ 则有较大的滤波误差。这表明虚拟噪声有效地补偿了模型误差，改进了滤波器性能。因此，鲁棒卡尔曼滤波技术更适合应用于扫雷作战效果评估。

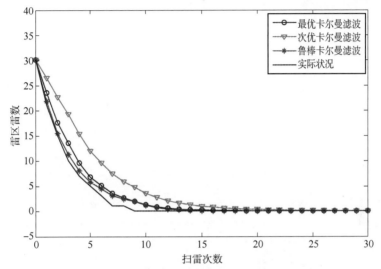

图 6 − 1　最优滤波、次优滤波和鲁棒卡尔曼滤波的比较（一）

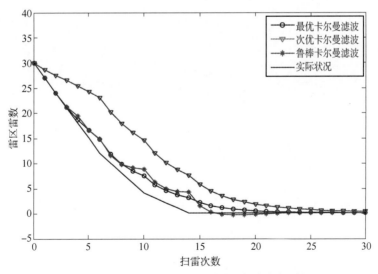

图 6 − 2　最优滤波、次优滤波和鲁棒卡尔曼滤波的比较（二）

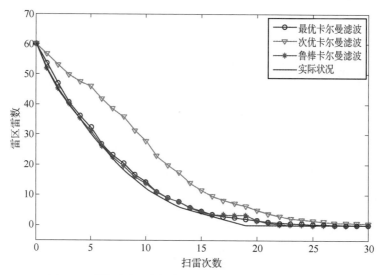

图6-3　最优滤波、次优滤波和鲁棒卡尔曼滤波的比较（三）

表6-1　3种典型雷阵的误差均值统计信息表

扫雷次数		1	2	3	4	5	6	7	8	9	10	11	12	13	14	15
雷阵1	a	2.54	2.57	3.51	2.60	1.72	2.02	2.49	1.53	1.89	1.25	0.84	0.57	0.39	0.27	0.18
	b	5.45	7.57	9.22	8.32	6.94	6.61	6.39	4.83	4.69	3.51	2.65	2.02	1.56	1.21	0.94
	c	0.85	0.49	1.37	1.24	0.97	1.77	2.44	1.76	2.47	1.30	0.62	0.25	0.06	−0.01	−0.04
雷阵2	a	0	0	0.15	0.63	1.51	2.76	1.77	1.79	2.40	3.37	2.62	2.46	2.64	3.04	2.09
	b	1.60	3.52	5.49	7.40	9.25	11.1	10.1	9.87	10.0	10.5	8.98	8.06	7.61	7.49	5.70
	c	0	0	0.22	1.40	1.58	2.82	1.47	1.68	3.03	4.78	3.16	2.81	3.28	4.19	1.40
雷阵3	a	2.54	1.95	0.51	0.98	2.35	0.74	1.09	2.49	1.63	2.19	1.02	1.05	1.73	0.79	0.53
	b	5.45	7.99	9.65	12.4	15.8	15.7	16.5	17.8	16.1	15.7	13.0	11.6	11.2	8.80	7.36
	c	0.85	0.37	−0.01	0.21	0.89	0.31	0.50	1.46	1.02	1.61	0.71	0.88	1.75	0.65	0.46

注：3种评估方法分别记为：a最优卡尔曼滤波，b次优卡尔曼滤波，c鲁棒卡尔曼滤波。

6.3　基于效果评估的雷区范围动态调整方法

在扫雷作战过程中，一般情况下雷区范围在扫雷作战前已经划定，并且在扫雷作战的过程中一般不会调整，直至扫雷作战结束。但在闭环扫雷作战过程中，水雷障碍区大小的确定对整个扫雷效率的影响很大。如果能够根据作战效果评估结果，在扫雷作战过程中对雷区范围进行动态调整，并进一步动态修改作战计划，则可以实现更合理的兵力运用，进而提高扫雷效率。

对雷区范围进行动态调整的目的是进一步确定实际水雷分布区域。分析思路为：结合扫雷航路动态优化过程，首先根据已发现水雷位置确定一个基本范围；再根据水雷分布特点，结合作战效果评估结论，采用相应的方法适当扩大这个范围，直至覆盖水雷实际分布区域。本节将探讨在不掌握敌人布雷信息的情况下，根据已经发现的水雷情况并结合作战效果评估结论，确定雷障的初始水雷密度，并进而动态确定实际雷区范围。

6.3.1　雷区范围动态确定方法

对雷区范围进行动态调整，首先要根据已发现水雷位置确定一个基本雷区。这里可以参考 4.1 节扫雷作业区的优化选择进行确定。

基本雷区是所发现水雷的外接矩形，未知的剩余水雷既有可能位于其中，也有可能处于其外。由于水雷的位置分布具有很大随机性，在未知分布方向的情况下，对基本雷区的扩大，可以沿其长、宽两个方向分别进行。

基本雷区原长度为 $2b$，扩大后长度为 $2b'$，则扩大后雷区的总长度为 $\omega = 2(b' - b)$，由于水雷分布在各个方向上无关，故 b' 只与 b 有关。此时，如果能够知道水雷在该方向上的分布规律，就可以对基本雷区扩大后长度进行推算。

6.3.2　水雷障碍区聚类分析

根据已发现水雷位置确定基本雷区范围时，作业区中已发现的水雷可能处于几个不同的水雷障碍区中，为准确地反映实际水雷分布情况，必须进行预先处理，这个问题仍然可以采用聚类分析完成。给定已发现水雷的位置后，以水雷之间的位置距离为聚类分析指标，建立模糊相似矩阵，并利用编网法作编网图确定有几个水雷障碍区，详细内容和步骤可参见 4.1.1 小节雷区水雷动态分类方法，这里不再赘述。

6.3.3　水雷散布分析

在实际应用中，对不规则雷区，通常认为水雷在某个区域中出现的概率服从泊松分布，即在面积为 ω 的区域中，存在 x 枚水雷的概率 $P(x)$ 为

$$P(x) = \frac{(\lambda x)^x}{x!} e^{-\lambda \omega} \qquad (6-5)$$

式中，e 为自然对数的底（$e = 2.718\cdots$）；λ 为水雷在雷区内的平均密度。

如果从水平方向上考虑水雷的分布情况，可以将所有水雷投影到横轴上。

此时，投影点在横轴上的分布仍然服从泊松分布，即式（6-5）中的 ω 表示长度区间，λ 表示投影点在横轴上的平均密度。根据式（6-5），便可推导出该方向上扩大基本雷区的计算公式。

6.3.4　水雷密度确定方法

在确定实际雷区范围时，还要确定雷障的初始水雷密度，也就是单位宽度内具有战斗力的水雷数量。设在扫雷作战过程中已扫出水雷 m 枚，基于鲁棒卡尔曼滤波的扫雷作战效果评估结果为：当前雷区内剩余水雷数量为 s，基本雷区中共有 n 枚水雷，则 $n = m + s$。

根据密度的定义，显然有

$$\lambda = \frac{n}{2b} = \frac{m}{2bP} = \frac{m+s}{2b} \tag{6-6}$$

6.3.5　雷区范围动态调整过程

雷区扩大部分的区间为

$$\omega = 2(b' - b)$$

假设扩大部分中发现的雷数为：$x = 0$。

根据式（6-5），可计算出该区间发现水雷数为0的概率。为此，将 λ、ω 和 x 代入式（6-5），得

$$P(0) = \mathrm{e}^{-\lambda\omega} = \mathrm{e}^{-\frac{m}{2bP} \times 2(b'-b)} = \mathrm{e}^{-\frac{(b'-b)m}{bP}} \tag{6-7}$$

从中解出 b'，得

$$b' = -b\left(1 + \frac{P}{m}\ln P(0)\right) \tag{6-8}$$

在式（6-7）中，只要能确定 $P(0)$，就可以计算出 b'。$P(0)$ 是发现0枚水雷的概率。在此，参考数理统计理论中极大似然法的思路，即在一次试验中发生了的事件，其发生概率不会很小。因此，在扫雷作战过程中，假如在扩大的雷区范围内，出现了"发现雷数为0"的事件，则此事件发生的概率不应很小，即小概率事件如果发生了，则应认为有异常情况。

现在只要给出 $P(0)$ 小到什么程度的指标，便可定出未知数 b'。$P(0)$ 的取值，对所得到的结论有影响，取值越小，结论的置信度越高。从统计学的角度看，上述分析有可能犯两种错误：一种是"取伪"；另一种是"弃真"。具体到确定水雷障碍范围问题中，对应结果是，或者实际水雷障碍大于确定的雷区，或者实际水雷障碍小于障碍区，而后者在使用上更加安全，因此 $P(0)$ 应取小些。但 $P(0)$ 过大则会增大障碍区，过分时会失去确定雷区的意义，因此

还要适当选取 $P(0)$。下面对此进行分析。

通常可取 $P(0)$ 的指标为 10^{-3}，于是有

$$b' = b\left(1 + 6.9\,\frac{P}{m}\right) \tag{6-9}$$

式中，b 为基本雷区某边长度的一半；P 为整个作战过程中的总清扫率，简化计算时可取 1；m 为该组中的发现水雷数。

首先考察一下基本雷区与障碍区之间面积的变化关系。设 m 枚扫出水雷的外接矩形为

$$S = 2a \times 2b = 4ab \tag{6-10}$$

利用式（6-10）可得到障碍区的两个边分别为

$$\begin{cases} a' = a\left(1 + 6.9\,\dfrac{P}{m}\right) \\[2mm] b' = b\left(1 + 6.9\,\dfrac{P}{m}\right) \end{cases} \tag{6-11}$$

计算障碍区面积，并将式（6-11）代入式（6-10），得

$$S' = 2a' \times 2b' = 4ab\left(1 + 6.9\,\frac{P}{m}\right)^2 = S\left(1 + 6.9\,\frac{P}{m}\right)^2 \tag{6-12}$$

考虑障碍区为最大和最小时的极端情况。由式（6-12）可知，最后结果取决于 P/m。由于作战结束后，总清扫率通常接近 1，因此可取 $P=1$。$m=3$ 是最小值（$m<3$ 时，外接矩形将不存在），将其代入，得：$S'=10.9S$。

当 $m \to \infty$ 时有：$S' \to S$。

以上结果表明，障碍区边长的变化范围在 $1 \sim 3.3$ 倍之间，最大时为基本雷区的 10.9 倍，最小时即为基本雷区。当 m 增大时障碍区迅速接近基本雷区。

需要注意的问题有以下几点。

（1）在以上计算中，取 $P=1$ 是一种极端情况，在实际的扫雷作战中，P 的取值可根据式（6-6）确定，即 $P = \dfrac{m}{m+s}$。其中，m 为扫雷作战过程中已扫出水雷数量，s 为当前雷区内剩余水雷数量。m 和 s 可采用 6.2 节基于鲁棒卡尔曼滤波的扫雷作战效果评估结果进行计算。

（2）在式（6-8）中，对 $P(0)$ 取不同值，将会得到不同的结果。因此，在应用中，应根据经验积累，适当选择 $P(0)$ 的取值。

（3）在实际作战中，如果动态确定的障碍区超出了搜扫区的范围，如搜扫航道时，动态确定的障碍区范围超过航道实际宽度时，则应将障碍区实际边界限制在航道实际宽度内。

|6.4 本章小结|

　　本章在全面考虑扫雷作战效果评估需求和已知条件，深入了解扫雷作战过程本质和具体过程的基础上，结合虚拟噪声补偿技术对直升机扫雷作战过程建模，并采用鲁棒卡尔曼滤波技术对直升机扫雷作战效果进行评估。仿真结果表明了该评估方法的有效性，尤其对混布雷阵有很好的评估效果，比最优卡尔曼滤波器滤波精度更高。对比评估结果，可以从总体上看出，对实际雷数的估计结果，采用鲁棒卡尔曼滤波技术与实际情况更为接近。此外，在扫雷作战效果评估的基础上，根据已发现水雷可对雷区范围进行动态调整，研究结果可为实现符合扫雷作战实际的作战任务优化奠定基础。

第 7 章

直升机扫雷作战任务决策仿真及效果分析

直升机扫雷作战任务，其执行过程通常可分为 3 个阶段，即制订作战方案、实施作战方案和作战效果评估与分析。制订作战方案是在直升机起飞前进行的，效果主要取决于战前情报的收集和掌握。而整个扫雷作战任务执行过程中最重要的是实施作战方案阶段。为使扫雷作战效率逐步接近或达到最高，必须结合具体的战场态势、海洋环境条件和作战效果评估结果及时修正作战参数。直升机扫雷作战决策主要是在扫雷作战任务具体的实施过程中应用和体现的。

本章将首先对直升机扫雷作战任务进行介绍；其次，重点对直升机扫雷作战任务实施作战方案阶段的决策内容进行全面论述；最后，在第 3 ~ 6 章所建模型的基础上，进行直升机扫雷作战决策支持系统功能的设计与实现，并结合具体的作战想定，给出直升机扫雷作战决策支持系统对扫雷作战任务进行决策的过程，以检验所建决策模型的正确性。

|7.1 直升机扫雷作战任务概述|

高可靠性和高效率是反水雷作战所要达到的基本目标。对清除水雷而言，"高效率"就是在指定的水域中，以最快速度使水雷威胁程度下降到规定指标以下。"可靠性"就是在扫雷作战过程中，结合海区实际对扫雷航路合理优化，以保证搜扫完成区域的安全性。

接受上级扫雷任务后，首先应通过各种渠道广泛收集情报资料，充分了解和深入研究敌我情况、水雷性能、海区自然状况、敌布雷平台性能和敌作战习惯等各种情况，获取必要的数据支持，以便制订符合实际情况的扫雷计划。但即便如此，由于信息保密和作战环境的复杂性，收集到的战前情报往往都不够准确，甚至在布雷方已提供了水雷资料的前提下，仍然可能存在信息不完整的情况（如漏记、误记等）。在这种情况下，必须考虑在实施作战方案阶段修正作战参数，使作战效率逐步接近或达到最高。从控制论的角度看，这一作战方式属于闭环控制，可以最大限度地排除系统误差，在方法上更加科学合理。

传统的扫雷作战中，为保证搜扫结果的可靠性，扫雷人员必须反复搜寻整个可疑区，导致作战过程花费大量时间。因此，为实现作战的高效率和高可靠性，应对整个作战过程进行系统优化。为此，必须将上述 3 个阶段的工作有机地结合起来：在方案制订阶段，尽可能考虑到实际作战的需要，提高作战方案的准确性和针对性。必要时，甚至可在正式开始作业之前进行预先作业，以获取重要信息。在实施阶段中，应根据海区实际情况对扫雷航路进行合理优化，适时修正作战参数，提高作战效率；而作战效果评估工作，则必须与实施阶段相结合，为实施决策提供必要的信息支持[37]。直升机扫雷作战任务系统优化内容如图 7 - 1 所示。

7.2　直升机扫雷作战任务决策组成

直升机扫雷作战任务的决策过程，主要依据闭环扫雷作战模式的基本原理进行设计。也就是在作战方案实施阶段，一方面要结合海区实际情况，对直升机扫雷航路进行优化，并给出每条航路最优的扫雷宽度和扫雷速度；另一方面，要根据扫雷进展，不断开展效果评估，得出扫雷作战效果评估的结论，结合在扫雷作战过程中不断获取的水雷信息，对扫雷作战计划进行实时修正，从而提高扫雷作战的针对性，使扫雷计划动态地接近最优，以提高扫雷效率。

在闭环扫雷作战模式下，直升机扫雷作战任务决策的内容主要由以下几个方面组成。

1. 航路动态优化

在闭环扫雷作战模式下，直升机扫雷航路动态优化主要是指，要充分考虑作战环境条件，结合作战进程中任务态势的变化，对直升机扫雷航路进行的动态调整。直升机扫雷作战的过程主要由直升机航速、搜扫宽度和搜扫线路间隔

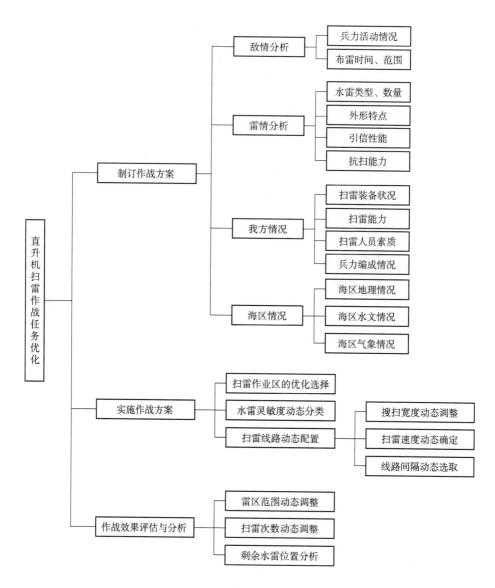

图 7 - 1　直升机扫雷作战任务系统优化

等几个最主要实施参数确定。因此，直升机扫雷航路动态优化的内容则主要是指：在扫雷作战过程中，要根据实际情况动态选取扫雷航速，动态调整搜扫宽度，动态选取扫雷线路间隔。即在作战过程中，每当进入下一搜扫线路前，都要优化直升机航速、动态确定最优搜扫宽度，并重新计算线路间隔，以明确下一线路。采用这种作业方式，可以在一定程度上减小局部误差，提高作战效率，具体内容见第 5 章。

2. 实时评估

在扫雷作战中，随着作战过程的推进，水雷将会逐渐被发现，扫雷方将会逐步获取更多的布雷信息和水雷本身的信息。必须根据作战过程中新近获得的信息，对实际扫雷效果进行估计，以实时掌握扫雷作战整体态势。例如，每次发现新的水雷后，都应该产生一个新的评估结果，并将该结果作为修正原计划的参考依据，进而对原作战方案进行适当修正，从而逐步提高作战计划的适用性和准确性。同时，扫雷作战效果评估必须满足实时性的要求；否则会造成指挥决策滞后，影响扫雷任务推进，降低扫雷效率。目前，可以采用科学合理的评估方法，开发扫雷作战效果评估专用战术软件，能够很好地辅助开展这项工作，计算难度将会明显降低。综上所述，实现扫雷作战效果实时评估，对扫雷作战控制和实施作战指挥决策的意义重大。

3. 修正决策

在扫雷作战过程中，一方面，每次新发现一枚水雷，都可以获取新的信息，并得到一次评估结果。利用这个评估结果，就能够不断地修正原作战计划的不合理情况；另一方面，理论上给出的评估结果，一般只是满足统计意义下的可靠性，并不能保证具体评估结果的针对性和有效性。因此，为保证决策修正的合理性，还要结合经验对评估结果进行具体分析，才能在一定程度上避免决策的盲目性。

为解决上述问题，必须确定合理的决策原则，以保持作战计划的修正尽可能在合理的范围内。通过大量仿真试验，综合考虑避免低效修正和造成漏搜扫等后果，目前得到以下结论可以作为修正原计划的参考标准。

①发现水雷数达到 3 枚时，水雷灵敏度（对应于扫雷具的最大发现距离）的评估结果可认为有效。

②发现雷数达到 8 枚时，非接触扫雷对雷数和定次分布的评估结果可认为有效。

③评估得到的实际搜扫宽度比计划值小 10% 或大 20% 时，建议调整计划。

④评估得到的应搜扫次数比计划值多 1 次以上或少 2 次以上时，建议调整计划。

上述决策过程，要求指挥员要正确运用闭环作战原理，深入理解扫雷作战的原理，准确评估作战效果，并依据评估结果做出正确的决策。这个要求对扫雷作战指挥员而言还是比较高的，但在专用战术软件的支持下，完成这项工作的难度会明显降低，因此必须开发直升机扫雷作战决策支持系统。

|7.3 直升机扫雷作战决策支持系统设计与实现|

前面章节研究了直升机扫雷作战使用方法，并对直升机扫雷作战机动过程、直升机扫雷航路动态优化和扫雷作战效果评估进行建模。本节将在上述研究成果和所建数学模型的基础上，开展直升机扫雷作战决策支持系统的设计及功能实现。

通常决策支持系统（DSS）主要由人机接口、数据库、模型库、知识库、方法库及其各自的管理系统组成，包括对话管理系统、数据库管理系统、模型库管理系统、知识库管理系统和方法库管理系统等。由于直升机扫雷作战中存在着大量的不确定因素，导致方案决策中还有一些问题无法完全用定量的方法解决，还需要依靠人的经验来判断和选择，使得直升机扫雷作战决策支持系统难以完全结构化。针对这类半结构化问题的决策系统，决策者的经验对于系统的影响就显得更加重要。因此，必须在直升机扫雷作战决策支持系统中建立知识库，以存放各种规则、因果关系、专家和决策者的经验等支持性信息。此外，还必须建立综合利用知识库和数据库，以及利用定量计算结果进行推理和问题求解的推理机。

由于建立一套完整的直升机扫雷作战决策支持系统是一个复杂的创造过程，涉及的研究内容十分庞大，远远超出了本书的研究范围，故本章不对数据库、模型库、知识库和推理机等系统组成开展具体的设计研究，而是主要介绍直升机扫雷作战决策支持系统的结构组成，并结合本书研究的重点内容实现相应功能。

半结构化问题决策系统的运行结果主要用于为决策者提供决策参考，故直升机扫雷作战决策支持系统不仅要为指挥员提供最佳航路优化方案和作战效果评估结果，而且还要将决策所依据的重要计算数据呈现给指挥员，以便指挥员更全面地掌握战场态势，甚至依据系统呈现的信息，直接凭借自己的经验作出决策。因此，直升机扫雷作战决策支持系统应包括以下功能。

1. 扫雷航路动态优化功能

直升机扫雷航路动态优化，就是在闭环扫雷作战模式下，结合海区海流情况、海区地形情况和海区水声环境条件，根据扫雷任务进程，适时调整直升机扫雷航路进行，以适应新的作战态势的方法。直升机扫雷作战过程中，最主要的优化参数是直升机航速、搜扫宽度和搜扫效率。该功能模块是系统的核心。

2. 扫雷作战效果评估

扫雷作战效果评估是实现决策修正的基本前提。实际扫雷作战过程中，必须根据作战进程中获得的新信息，对实际作战情况进行一定评估。评估的目的在于能够依据评估结果，运用适当的决策方法，对作战方案进行修正，逐步提高适用性和准确性。通过这种闭环反馈的方式，使作战行动最终趋于最佳，实现对作战效果的精细化控制。

3. 辅助计算功能

辅助计算功能主要是指为支持开展扫雷航路优化和扫雷作战效果评估，包括直升机航速、搜扫宽度和搜扫效率等参数的计算功能，扫雷作战过程仿真和扫雷作战效果评估结果计算的功能等。

系统按 Windows 风格的菜单式窗口设计应用程序，主要包括扫雷兵力设置、初始态势、海洋环境设置、声扫航路优化、磁扫航路优化、声/磁联合、作战效果评估和帮助等菜单项。系统主界面和态势显示内容如图 7 – 2 和图 7 – 3 所示，其他界面将在 7.4 节结合具体的作战想定进行介绍。

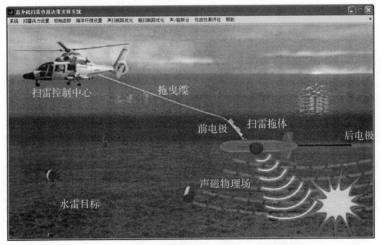

图 7 – 2　直升机扫雷作战决策支持系统主界面

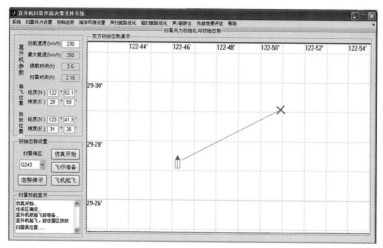

图7-3　态势显示主界面

7.4　直升机扫雷作战任务决策仿真及结果分析

本节将结合具体的扫雷作战想定，利用扫雷作战决策支持系统演示实现扫雷作战任务的优化，并通过作战任务实施过程中的扫雷作战决策仿真和结果分析，验证所建模型的有效性。

7.4.1　作战想定

1. 情况判断

敌方为阻止我方舰船兵力调动，破坏我方海上交通，近期连续派飞机对我方某海域进行侦察和骚扰。据某观通站报告：××月××日××时××分，发现敌机8架，在距我方基地100 km、方位320°处的某海域，投布带伞水雷，数量不详。飞机布雷航向由东向西。现经查明，所布水雷为某国产的某型感应音响沉底水雷。

2. 扫雷任务

某海域为重要航道和舰船训练区，使用频繁。为尽早清除水雷，确保我舰船航行和训练安全，决定由某扫雷直升机中队执行该海区水雷清扫任务，并应于××月××日××时前完成。扫雷区长 5 n mile、宽 3 n mile。

3. 我方情况

某扫雷直升机中队装备 6 架某型扫雷直升机，携带某型拖曳式声磁联合扫雷具，某型声磁联合扫雷具技术性能数据如下。

工作定深：3 m；声频扫雷具工作频率范围 8~5 000 Hz；二电极磁扫方式最大通电电流 500 A，电缆有效段长 100 m。

4. 敌方情况

根据已掌握的情报，敌方所布某型感应音响沉底水雷性能数据如下。

水雷音频引信工作范围为 80~2 000 Hz；声频灵敏度为 120 dB；磁灵敏度为 $dH/dt = 1$ mOe/s；水雷延迟时间均取典型值 27 s。

5. 海区情况

负跃层声速梯度，3 级海况，底质泥沙。

对扫雷区域采取分区作业，分区作业后，某架直升机扫雷任务海域是一块 950 m×9 000 m 的长方形区域。在该区域内，水深平均 50 m，由于海底地形有起伏，水深有较大变化，最小水深在 30 m 深度，最大水深在 80 m 深度，如图 7-4 所示。

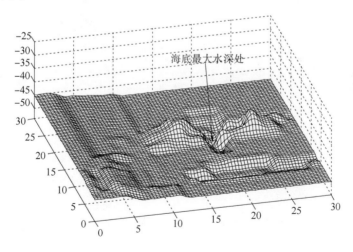

图 7-4　扫雷区域海底地形

7.4.2 作战任务决策过程

通过对 7.4.1 小节作战想定的分析，明确本次直升机扫雷作战任务为清除水雷，且各扫雷直升机在各自作业区内独立作战。具体的直升机扫雷具布放时机和布放方法参见 3.1 节；在扫雷作战过程中，直升机扫雷装备拖曳航迹的控制以及直升机拖曳扫雷具转向过程和方法分别参见 3.2 节和 3.3 节；扫雷作业区的优化选择方法参见 4.1 节。下面重点介绍直升机扫雷作战过程中，扫雷航路动态优化和作战效果评估的实现过程。

1. 声扫方式下直升机扫雷航路动态优化

针对扫除声引信水雷作战，为了分析海洋环境对扫雷具探测性能的影响，仿真计算之前，首先需要对海洋环境进行设置。对海洋环境数据的设置可以采用手动输入方式，也可以通过选取几种典型声速梯度进行自动加载。图 7-5 所示为加载的 II 型声速梯度。通过扫雷具工作制和水雷信息的设置，可计算声扫雷具的非相干传播损失值，进而可计算出直升机在任何扫雷速度下的扫雷宽度和扫雷效率，并可根据第 5 章声扫方式下直升机扫雷航路动态优化模型，给出每条航路最优扫雷宽度、最优扫雷速度和相应的扫雷效率。

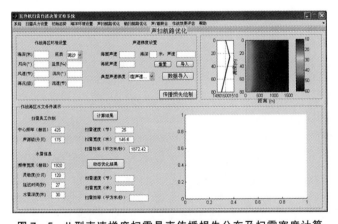

图 7-5 II 型声速梯度扫雷具声传播损失分布及扫雷宽度计算

2. 磁扫方式下直升机扫雷航路动态优化

对磁扫方式下直升机扫雷航路动态优化，首先需要对本航路最大水深、受海流影响引起的扫雷具偏角以及扫雷具工作制和水雷信息等参数进行设置。设置完成后便可计算出直升机在任何扫雷速度下的扫雷宽度和扫雷效率，并可根据第4章磁扫方式下直升机扫雷航路动态优化模型，给出每条航路最优扫雷宽度、最优扫雷速度和相应的扫雷效率。

图7-6所示为水深30 m时，直升机本航路动态优化结果：扫雷速度为22 kn，扫雷宽度为135.3 m，扫雷效率为1 531.16 m²/s。在"计算结果"中输入扫雷速度25 kn，可计算出相应扫雷速度下的扫雷宽度为100.8 m和扫雷效率为1 296.29 m²/s。可见，直升机扫雷并不是速度越快越好，要结合扫雷效率才能给出最优值。

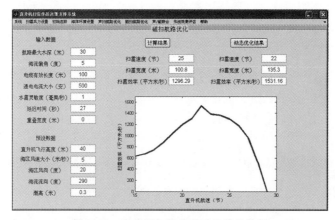

图7-6　直升机扫雷航路动态优化效果

通过计算可知，在7.4.1小节的作战想定下，相同条件下声扫宽度要大于磁扫宽度，如直升机航速25 kn以下，30 m水深时，磁扫方式单侧最大扫雷宽度为141.4 m，而声扫方式单侧最小扫雷宽度（25 kn时）为146 m。因此，从"最不利"原则出发，本次扫雷作战扫雷具的扫雷范围应当以磁扫方式下确定的扫雷宽度为准。

为了使说明问题方便，采用全面检扫法实施扫雷作业。磁扫方式下采用直升机扫雷作战决策支持系统优化给出的扫雷线路参数，各条线路参数（包括直升机扫雷速度和扫雷宽度）见表7-1，且共需配置8条扫雷线路。

表7-1　优化结果

航路编号/条	1	2	3	4	5	6	7	8
水深/m	30	30	60	80	70	30	50	40
航速优化结果/kn	22	22	20	18	19	22	21	22
宽度优化结果/m	135.3	135.3	113.5	107.9	111.2	135.3	115.1	116.1

若不采用"动态优化方法"配置扫雷线路，即不考虑海流对扫雷宽度的影响，

并以整个海域内最不利水深计算出的清扫宽度为标准，一次性配置扫雷线路，则计算结果会有显著不同。例如，保持其他仿真条件不变，由于扫雷区域内最大水深为80 m，以此为准计算清扫宽度。然后，通过选取不同的直升机航速（为15～24 kn），计算出需要配置的扫雷线路条数，具体结果见表7-2。

表7-2　计算结果

航速/kn	15	16	17	18	19	20	21	22	23	24
扫雷宽度/m	121.1	117.9	113.7	107.9	100.3	90.5	77.5	59.1	25.7	—
线路数量/条	8	8	9	9	10	11	13	16	37	—

对比分析表7-1和表7-2可知，不采用"动态优化方法"配置扫雷线路时，直升机扫雷线路配置较多。线路数量的增加会导致以下不利结果：

①导致扫雷转向次数的增加，从而会增加扫雷组织实施的难度。

②使扫雷所需总的时间增加，最终影响扫雷效率。

虽然，在直升机扫雷航速为15 kn和16 kn时，也只需配置8条线路，但一个搜扫航次的总搜扫效率与动态优化方法结果相比却有很大差别，分别为10 404 m^2/s（动态优化）、7 475 m^2/s（15 kn航速）、7 763 m^2/s（16 kn航速）。因此，这种情况同样会增加总扫雷时间，最终降低整体扫雷效率。

采用"动态优化方法"配置扫雷线路时，由于每条搜扫线路都是根据当时最新的已知条件，综合考虑海区海流情况后作出的，因此最符合当时的情况。这种方法可使整个作业过程在每一个局部都达到最佳，可以在一定程度上减小局部误差，从而提高了扫雷效率和作业可靠性。

3. 扫雷作战效果评估

直升机搜扫作业一段时间后，需要根据扫雷结果对作战效果进行评估，以便及时调整作战参数，提高扫雷效率。假设雷区实际有30枚水雷，20枚定次为1次，5枚定次为2次，5枚定次为3次，雷区平均扫雷概率为0.9。利用决策支持系统对扫雷作战过程进行仿真，对200次仿真数据求平均值，可得各次搜扫作用次数后扫爆水雷数量，如搜扫作用1次后，扫爆水雷数量为18枚，如图7-7所示。

利用决策支持系统进行作战效果评估中，输入水雷数量预测初值和预测扫雷概率，可计算出每次搜扫作用后，雷区剩余水雷数量的评估结果。例如，输入水雷数量预测初值32，预测扫雷概率0.85，可得第一次搜扫作用后，雷区剩余水雷数量为12.633枚。

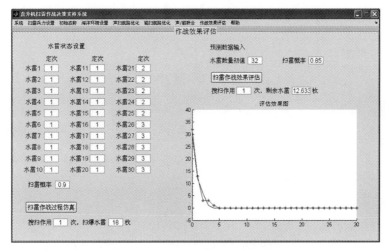

图 7－7　直升机扫雷作战效果评估

由于每次发现水雷后都可对作战效果进行评估，参考这个评估结果，可以根据 7.2 节决策修正的原则修正原作战参数，并可根据评估结果对雷区范围进行动态调整，具体方法见 6.3 节。

7.4.3　结果分析

应用直升机扫雷作战决策支持系统，对扫雷作战想定决策过程的仿真和优化结果进行分析，可得出以下结论。

（1）声磁联合扫雷具的扫雷宽度，除受到本身技术性能参数的限制外，还与被扫水雷引信类型、水雷灵敏度、声速梯度、海况、海底地形和直升机飞行速度等因素密切相关。在实际的扫雷作战过程中，必须根据战场环境和敌我情况对扫雷宽度进行动态调整，以最大程度适应战场环境变化，发挥声磁联合扫雷具的最佳扫雷性能。

（2）在扫雷作战过程中，直升机的扫雷航速并不是一般意义上理解的越大越好，因为直升机扫雷航速与扫雷宽度总体上成反比关系，而两者又都与扫雷效率基本成正比关系。在实际应用中，应参照每条航路的扫雷宽度变化，综合考虑扫雷效率，给出针对每条航路的直升机扫雷航速的最优值，以提高扫雷作战效率和作业可靠性。

（3）扫雷作战效果评估贯穿于整个扫雷作战过程始终，是进行决策修正的依据。在扫雷作战过程中，必须根据作战情况不断更新信息，对实际情况进行实时估计，进而按照一定的决策原则对作战方案进行修正，逐步增强作战方案适应性。通过这种闭环反馈方式，可使作战行动最终达到最优，实现对作效果的控制。

|7.5　本章小结|

　　本章在分析直升机扫雷作战任务概念和决策组成的基础上，采用 Matlab 软件完成了直升机扫雷作战决策支持系统功能的设计与实现。结合具体的作战想定，通过实例对决策支持系统的功能进行仿真验证，并分析了直升机扫雷作战任务系统优化结果。研究成果可为实用性更强的直升机扫雷作战决策支持系统开发提供技术参考。

第 8 章

研究总结

8.1 研究工作总结

随着未来直升机拖曳非接触扫雷系统不断更新换代，专用的反水雷装备齐装配套更加完备。战时，可根据反水雷作战的具体需求，选派最合适的反水雷兵力去执行任务，也能够进一步增强浅水区和甚浅水区的快速扫雷能力，满足反水雷兵力快速部署和适应远洋作战的需要，形成从空中、水面到水中，立体互补的综合反水雷武器装备体系。

本书以直升机扫雷作战使用、直升机扫雷作战过程、直升机扫雷航路动态优化和直升机扫雷作战效果评估这 4 个关键问题为研究重点，建立了相应的作战模型和决策模型，为直升机扫雷作战使用提供了理论支持，为直升机扫雷航路动态优化和作战效果评估提供了决策依据。研究的工作主要有以下几个方面。

1. 研究了直升机扫雷作战使用问题

通过大量查阅国内外扫雷作战使用方面的研究文献，对国内外反水雷直升机性能特点和作战运用情况开展了调查、分析和总结；结合扫雷战术理论、直升机技术性能及飞行特性，研究了适合直升机扫雷作战使用的战术方法。本书对直升机扫雷方法、直升机扫雷任务、直升机扫雷作战样式和直升机扫雷队形的保持进行了详细的分析和论述，对特殊模式下雷线的搜索与清除方法进行数学建模，并通过实例计算，验证了直升机扩方搜索扫除雷线的可行性。此外，还对扫雷区特殊模式及其扫雷方法进行了深入研究，给出划分折线航道的算法，可进一步补充扫雷战术使用方法。上述研究结果可用于反水雷直升机战术使用规范、教程等指导性法规文件的拟制，也可以为直升机扫雷方案制订和直升机扫雷训练提供参考，还可以为部队新型扫雷装备的研制提供需求牵引。

2. 建立了直升机扫雷战术机动过程数学模型

针对直升机扫雷与水面舰艇扫雷过程的区别，研究了直升机拖曳扫雷具的布放时机和布放方法，建立了不同风向条件下直升机在悬停点间过渡时的应飞航线、应飞距离和应飞时间模型，为扫雷具的准确布放提供理论计算依据。通过风对直升机航向误差的影响分析，以及流对拖曳式扫雷装备航行误差的影响分析，研究了直升机飞行航迹控制，以及扫雷装备拖曳航迹控制的方法。参考拖曳系统流体动力学的结论，对直升机转弯过渡过程进行了建模，对直升机拖曳扫雷具转向过程中拖体运动过程进行了建模，仿真实例的计算结果较真实地反映了拖体在直升机转向过程中的运动情况，验证了模型的有效性和科学性。对拖体转向时间的正确计算提供了参考，也为后续直升机扫雷作战航路优化奠定了决策依据。

3. 建立了直升机扫雷航路动态优化数学模型

应用模糊聚类分析方法进行水雷动态分类，为雷区内水雷合理分类提供了理论方法。在考虑风向对障碍区选择的影响，以及对作业区清扫宽度要求的基础上，确定了合理划分直升机扫雷作业区的方法和步骤。针对水深变化的任务区，结合海流情况，进行磁扫雷具扫雷宽度的计算。详细分析了影响声扫雷具作战性能的海洋环境要素，运用BELLHOP 射线理论和声呐方程，进行了声扫雷具扫雷宽度的计算，解决了在确定的战场态势和海洋环境条件下，扫雷具扫雷宽度精确计算的问题，使研究结果更贴近扫雷作战实际情况。分析了直升机扫雷航路动态优化原理，提出了优化方法，建立直升机磁扫方式、声扫方式和声磁联合方式下的扫雷航路动态优化模型，并通过仿真进行了验证。计算结果表明，采用动态优化方法对扫雷航路进行优化，能极大地节省扫雷资源，缩短扫雷时间，减小局部误差，提高扫雷作战效率。

4. 研究了直升机扫雷作战效果评估问题

在深入分析直升机扫雷作战过程本质和具体过程的基础上，全面考虑直升机扫雷作战效果评估需求和已知条件，结合虚拟噪声补偿技术，针对作战效果评估问题，建立了描述扫雷作战过程的数学模型。模型在合理简化的基础上，实现了更贴近实际的数学抽象，并采用鲁棒卡尔曼滤波技术对作战效果进行评估。仿真结果表明了该评估方法的有效性。该方法可有效地改善卡尔曼滤波器的性能，尤其对混布雷阵有很好的评估效果。不仅较圆满地解决了扫雷作战效果定量评估的难题，而且还加深了对作战过程的认识，为完善作战指挥理论提供了技术支持。此外，在扫雷作战效果评估的基础上，结合已发现水雷的先验信息，研究了雷区范围动态调整过程，给出了动态调整方法。

5. 直升机扫雷作战任务决策仿真及效果分析

深入研究了直升机扫雷作战任务优化的概念，分析了直升机扫雷作战任务决策的组成，并采用 Matlab 软件进行直升机扫雷作战决策支持系统功能的设计与实现。在此基础上，结合具体的作战想定，描述了直升机扫雷作战任务决策过程，给出了优化结果，并通过实例进行了系统功能的验证。计算结果也表明，决策支持系统能够有效地辅助扫雷作战指挥员进行战术决策。研究成果可作为实用性直升机扫雷作战决策支持系统开发提供技术参考。

8.2 后续研究展望

由于针对直升机拖曳扫雷具进行的专项研究资料甚少，而且直升机扫雷作战使用问题涉及的因素众多，是一个复杂的系统性问题。随着技术的进步、战术的发展以及新理论和新方法的出现，直升机扫雷作战使用也必然会随之发展变化和不断完善。受研究时间和笔者能力所限，对直升机扫雷作战使用问题的研究不可能面面俱到，对于一些相关问题尚需进一步研究和完善。

结合对本书研究课题的心得，以及对国外航空反水雷装备现状、技术发展和作战使用的了解，本书给出以下建议。

（1）跟踪作战训练情况，搜集获取更加准确、贴近扫雷装备实际性能的数据，进一步验证和改进本书建立的相关模型，为开发切实有效的直升机扫雷作战决策支持系统奠定数据基础，增强技术支持。

（2）鉴于国外航空反水雷手段的多样化，如扫雷、猎雷和激光探雷等技术不断发展，建议大力发展满足扫雷作战需求的专用扫雷直升机，进一步完善航空反水雷装备技术，发展相应型号装备。

（3）本书主要涉及非接触扫雷问题，对直升机携带接触扫雷具作战使用方面的研究还需要进一步加强和完善。此外，对直升机携带猎雷声呐作战使用方面的研究还需要进一步加强。

参 考 文 献

[1] 吴俊杰. 美军反水雷战术介绍 [J]. 世界海军训练，2009 (4)：49-51.

[2] 秦志强. 美国海军水雷战发展动向 [J]. 海军大连舰艇学院学报，2001，24 (6)，79-80.

[3] 宋元. 美国海军水雷战计划——反水雷作战 [J]. 水雷战与舰船防护，2002 (3)，8-14.

[4] 夏立新. 美国海军航空反水雷的新发展 [J]. 水雷战与舰船防护，2001 (4):24-28.

[5] 傅金祝. 美海军水雷战 [J]. 水雷战与舰船防护，2005 (1)，9-13.

[6] 夏军. 美国两栖作战中的扫雷破障新方案 [J]. 世界海军训练，2003 (4)，11-14.

[7] 美国海军水道测量局. 海洋学在水雷战中的应用 [M]. 北京：国家海洋局政策研究室.

[8] 刘进. 综合一体化反水雷系统 [J]. 水雷战与舰船防护，2001 (1)，12-14.

[9] 白亚兰. 远程扫雷指控系统 [J]. 情报指挥控制系统与仿真技术，2002 (6)，9-13.

[10] 张辉，易媛媛. 国外反水雷指控系统发展趋势 [J]. 水雷战与舰船防护，2009，17 (3)，55-59.

[11] Reber R K. A Theoretical Evaluation of Various Search Salvage Procedures for Use with Narrow Path Locators [R]. Washington, DC：Bureau of Ships Technical Report. 117, 1956.

[12] Sutter, Fred, Diane C. Mine Countermeasures Tactical Models. Proceedings of the Autonomous Vehicles in Mine Countermeasures Symposium [D]. Monterey, CA：Naval Postgraduate School, April, 1995.

[13] 白美驹. 美国海军的水雷战组织体系 [J]. 现代舰船，2003 (11)，8-12.

[14] 王克耀. 从扫雷具验收试验看扫雷方法的重要性 [J]. 水雷战与舰船防护, 2002（1）：39 – 44.

[15] 吴俊杰. 扫雷区典型模式及扫雷航线算法研究 [J]. 水雷战与舰船防护, 2001（1）：16 – 18.

[16] 宋元，马爱民. 扫雷作业漏扫区网格分析法 [J]. 水雷战与舰船防护, 2001（1）:8 – 11.

[17] 宋佳平，马爱民，张琦. 拖曳式猎扫雷装备循迹控制方法研究 [J]. 指挥控制与仿真, 2009（10）：10 – 12.

[18] 郑冲，刘忠乐，白美驹. 沿底接触扫雷具扫索沿底地形跟随性的研究方案 [J]. 水雷战与舰船防护, 2000（1）：18 – 21.

[19] 宋元，马爱民. 接触扫雷具转向过程浮体运动模型与仿真 [J]. 水雷战与舰船防护, 2000（3）：14 – 17.

[20] 叶大海，向孝礼. 矩阵对策在反水雷作战行动筹划中的应用 [J]. 海军学术研究, 2009（9）：45 – 46.

[21] 周洪光，周玺，夏朗. 反水雷武器系统作战效能评估方法初探 [J]. 水雷战与舰船防护, 2010（11）：32 – 36.

[22] 李光明，杨飞，朱学康. 水下拖缆稳态运动特性计算方法及应用分析 [J]. 舰船科学技术, 2011（8）：3 – 5.

[23] 李志印，吴家鸣. 水下拖曳系统水动力特性的计算流体力学分析 [J]. 中国造船, 2007（6）：9 – 17.

[24] 冷相文，吴俊杰，钱江. 接触扫雷具与锚雷对抗仿真实现 [J]. 海军大连舰艇学院学报, 2010（4）：35 – 38.

[25] 赵祚德. 反水雷作业区水雷密度的估计模型 [J]. 水雷战与舰船防护, 2005（3）：22 – 23.

[26] 罗祚，董理，李庆民，等. 基于检扫法的初始水雷密度确定方法 [J]. 海军工程大学学报, 2009（2）：84 – 87.

[27] 曲志栋，马爱民. 反水雷作业中搜扫路线优化研究 [J]. 指挥控制与仿真, 2008（2）：38 – 40.

[28] 汪海澄. 混合策略对策在扫雷决策中的应用 [J]. 水雷战与舰船防护, 2010（11）：25 – 27.

[29] 严宗容，孙向军，冯伟强. 基于效能分析的扫雷兵力分配 [J]. 海军学术研究, 2009（9）：47 – 48.

[30] 马爱民. 猎扫雷作战效果评估与控制 [M]. 北京：国防工业出版

社，2000.

[31] 王楠，刘苏洋．视景仿真技术在水雷战对杭模拟训练中的应用 [J]．海军学术研究，2008（11）：47 - 49.

[32] 严宗容，陈勇，冯伟强．一种基于虚拟现实的扫雷训练系统 [J]．水雷战与舰船防护，2010（8）：35 - 37.

[33] 孟晶，李庆民，李华，等．基于 HLA 的水雷战武器对抗仿真系统的研究分析 [J]．计算机仿真，2005，22（7），169 - 171.

[34] 梅红，康凤举，褚彦军．水雷战对抗视景仿真系统关键技术研究 [J]．计算机仿真，2006，23（6），20 - 22.

[35] 倪云飞．虚拟现实技术在水雷战仿真系统中的应用研究 [J]．水雷战与舰船防护，2000（4），28 - 31.

[36] 赵晓东，韩守鹏．水雷反水雷武器仿真对抗软件设计 [J]．水雷战与舰船防护，2002（1），31 - 33.

[37] 马爱民．猎扫雷武器战斗使用 [M]．北京：国防工业出版社，2012.

[38] A·M·沃洛特柯．直升机实用飞行原理 [M]．哈尔滨：海潮出版社，1992.

[39] 赵治平．直升机扫雷作战使用问题探讨 [M]．北京：兵器工业出版社，2012.

[40] 孙明太．航空反潜概论 [M]．北京：国防工业出版社，1998.

[41] 泪培成．应用模糊数学 [M]．长沙：国防科技大学出版社，2002.

[42] 张最良．军事运筹学 [M]．北京：军事科学出版社，1992.

[43] 杜保亭，张鹏，徐炜翔．基于模糊聚类分析在炮兵战场目标打击排序中的应用 [J]．火力与指挥控制，2007，34（z）：21 - 23.

[44] Parsopoulos K E, Vrahatis M N. Initializing the Particle Swarm Optimizer Using the Nonlinear Simplex Method [C]. A. Grmela, N. E. Mastorakis eds. Advances in Intelligent Systems, Fuzzy Systems, Evolutionary Computation. WSEAS Press, 2002: 216 - 221.

[45] Zhang Y L, Ma L H, Zhang L Y. On the Convergence Analysia and Parameter Selection in Particle Swarm Optimization [C]. Proc. of the Second International Conference on Machine Learning and Cybernetics. Xi'an: IEEE Press, 2003: 1802 - 1807.

[46] Parsopoulous K E, Vrahatis M N. Particle Swarm Optimization Method in Multi - objective Problems [C]. Proc. SAC 2002. Madrid, Spain, 2002: 1553 - 1563.

［47］Coello C A C, Lechuga M S. MOPSO：a Proposal for Multiple Objective Particle Swarm Optimization ［C］. Proc. of the IEEE World Congress on Computational Intelligence. Hawaii：IEEE Press, 2002：1677－1681.

［48］Zhang Y D, Huang S B. A Novel Multiobjective Particle Swarm Optimization for Buoys－arrangement Design ［C］. Proc. of 2004 IEEE/WIC/ACM International Conference on Intelligent Agent Technology. Beijing：IEEE Press, 2004：24－30.

［49］Fvan den Bergh. A Cooperative Approach to Particle Swarm Optimization ［J］. IEEE Transaction on Evolutionary Computation, 2004, 8（3）：225－239.

［50］刘旭红, 刘玉树. 利用多目标优化算法进行路径规划 ［J］. 北京理工大学学报, 2005：25（7）：613－616.

［51］朱世立. 电子海图应用系统设计 ［M］. 北京：国防工业出版社, 1997.

［52］傅调平, 刘玉树. 一种曲面拟合内插数字海图水深插值算法的设计与实现 ［J］. 燕山大学学报, 2005, 29（4）：308－311.

［53］笪良龙. 海洋水声环境效应建模与应用 ［M］. 北京：科学出版社, 2012.

［54］蔡志明. 水声建模与仿真 ［M］. 3 版. 北京：电子工业出版社, 2005.

［55］刘伯胜, 雷家煜. 水声学原理 ［M］. 哈尔滨：哈尔滨工程大学出版社, 2002.

［56］Michael A A. Principles of Sonar Performance Modeling ［M］. Praxis Publishing, 2010.

［57］邓自立. 自校正滤波理论及其应用——现代时间序列分析方法 ［M］. 哈尔滨：哈尔滨工业大学出版社, 2003.

［58］洪星, 宋元, 马爱民. 马尔可夫链用于扫雷作战期望损失评估探讨 ［J］. 兵工学报, 2006（11）：1132－1135.

［59］陈信钦, 林春生, 张永志, 基于 Monte Carlo 模拟法和 Markov 过程理论效果评估研究 ［J］. 武汉理工大学学报, 2010, 34（4）：730－733.

［60］马爱民. 电磁扫雷具横距曲线研究 ［J］. 海军大连舰艇学院学报, 1991（1）：38－41.

［61］王睿, 李庆民, 李华. 马尔科夫链扫雷效果评估模型可信度验证 ［J］. 海军工程大学学报, 2007（6）：108－112.

［62］李庆民, 李华, 刘君. 基于 Markov 链的扫雷效果评估研究 ［J］. 水中兵器, 2008（1）：30－41.

［63］袁苏义, 刘森民, 叶志林. 扫雷具作战效能评估方法研究 ［J］. 水雷战与舰船防护, 2008（2）：1－5.

［64］陈信钦，林春生．Markov 过程理论在扫雷效果评估中的应用［J］．船船电子工程，2008（12）：92 - 94.

［65］汪海澄，马爱民，夏朗．用 AHP 和 Markov 链结合法对水雷障碍进行动态评估［J］．水雷战与舰船防护，2009（4）：1 - 5.

［66］陈信钦，林春生，张永志．基于改进的 Markov 过程模型和作战评估［J］．武汉理工大学学报，2010（6）：159 - 167.

［67］李华，李庆民，刘君．一种基于遗传算法的"正向"扫雷效果评估解法［J］．探测与控制学报，2007（12）：36 - 40.

［68］孙玉奇．水雷［M］．北京：国防工业出版社，1983.